Der **Onlineservice InfoClick** bietet unter www.vogel-fachbuch.de/infoclick nach Codeeingabe zusätzliche Informationen und Aktualisierungen zu diesem Buch.

In zwei Schritten zum Onlineservice

1. Einfach www.vogel-fachbuch.de/infoclick aufrufen.
2. Den unten stehenden Zugangscode eingeben.

Ihr persönlicher Zugang zum Onlineservice  352605580001

André Zamzow
SPS-Fehlersuche in Industrieanlagen
Strukturierte Fehleranalyse mit STEP7 und TIA-Portal

André Zamzow

SPS-Fehlersuche in Industrieanlagen

Strukturierte Fehleranalyse mit STEP7 und TIA-Portal

André Zamzow
1958 in Kropp/Schleswig geboren, war 13 Jahre lang als Betriebselektroniker tätig und hat 1992 die Ausbildung als SPS-Techniker bei Siemens in Köln absolviert.

Von 1993 bis 1996 arbeitete er an Aufbau und Automatisierung einer Schaltwarte eines Tonwerks mit Siemens S5 SPS, Visualisierung (Coros), Ethernet (LAN), Vernetzung und ersten Profibusanbindungen. 1996 und 1997 war er als SPS-Programmierer, Visualisierer und Projektabwickler in einem Ingenieurbüro in Leverkusen tätig.

1998 wurde die INAUT GbR gegründet. 1999 fand die Umwandlung der INAUT GbR in eine GmbH statt. Seit diesem Zeitpunkt ist er als Geschäftsführer des Unternehmens tätig. Neben der Geschäftsführung liegt sein Hauptaugenmerk auf der Programmierung von S5/S7- und TIA Spezialbausteinen sowie speziellen Kopplungen. In den von der INAUT GmbH angebotenen Schulungen vermittelt er sein Wissen anschaulich den Teilnehmern, die in allen Industrie-Sparten in der SIMATIC-Welt tätig sind.

Weitere Informationen:
www.vogel-fachbuch.de
www.facebook.com/vogelfachbuch

Vogel Communications Group GmbH & Co.KG
Max-Planck-Straße 7/9
97082 Würzburg
Tel.: +49 931 418-0

Lektorat: Ulrike Klein, Berlin
Titelmotiv: Adobe Stock

ISBN 978-3-8343-3526-5 (Print-Ausgabe)
ISBN 978-3-8343-6304-6 (E-Book-Ausgabe)
1. Auflage. 2024

Vorwort

In den vergangenen Jahren hat sich in der Automatisierungstechnik die Simatic-Welt mit dem Portal TIA und dem Industrial Ethernet-Standard PROFINET deutlich erweitert. Aufgrund der Komplexität der Baugruppen, PROFINET sowie neuer Spezial-Sensoren und -Aktoren wird die Fehlersuche immer umfangreicher. Mit der Programmierungs-Software Simatic STEP7 und TIA hat Siemens ein mächtiges Werkzeug zum Lösen von komplexen Automatisierungsaufgaben für Ingenieure und Techniker entwickelt. Doch trotz der Leistungsfähigkeit der Programme kann die Fehlersuche oft eine Herausforderung darstellen.

Dieses Nachschlagewerk möchte sowohl Einsteigern als auch erfahrenen Technikern und Ingenieuren Wege aufzeigen, um Anlagenfehler strukturiert einzugrenzen, zu finden und zu beseitigen, damit die Produktion reibungslos weiterlaufen kann.

Einen besonderen Dank möchte ich den Kolleginnen und Kollegen aussprechen, die mich während des Schreibprozesses tatkräftig unterstützt haben, sowie dem gesamten Verlagsteam. Ohne ihr Engagement und ihre unermüdliche Arbeit wäre die Entstehung dieses Buches nicht möglich gewesen.

André Zamzow
Geschäftsführung
INAUT GmbH

Inhaltsverzeichnis

3 Speicherprogrammierbare Steuerungen

4 Fehleranalyse in der Anlage

5 STEP7-Fehleranalyse

1 Einleitung

Dieses Buch widmet sich ausführlich den häufigsten Herausforderungen und Stolpersteinen bei der Fehlerbehebung in der Anlagentechnik. Es bietet verschiedene Strategien, Techniken und bewährte Methoden, um effektiver Fehler zu finden und zu beheben.

Egal, ob Sie ein erfahrener Automatisierungstechniker sind, der seine Fähigkeiten weiterentwickeln möchte, oder ein Einsteiger, der sich mit den Grundlagen der Fehlersuche vertraut machen möchte – dieses Buch bietet wertvolle Einblicke und praktische Ratschläge aus über 25 Jahren branchenübergreifender Erfahrung der Inaut GmbH in der Fehlersuche sowohl mit Programmiergeräten und Messgeräten als auch in der optischen Fehlersuche.

Es werden einfache Wege aufgezeigt, wie Fehler visuell nachverfolgt werden können. Die langjährige Erfahrung in der Industrie hat gezeigt, dass es zunächst wichtig ist, die vermeintlichen Fehlerquellen optisch zu analysieren: Ist ein Draht lose? Ist ein Sensor verbogen? Gibt es Auffälligkeiten in der Mechanik?

Wenn keine optischen Fehler erkennbar sind, versucht man die Ursache einzugrenzen: Ist die Stromversorgung in Ordnung? Gibt es mechanische Ablauffehler? Liegt ein Bedienungsfehler vor oder könnte ein Programmablauffehler vorliegen?

Dieses Buch ist gegliedert nach verschiedenen Möglichkeiten zur Fehlersuche, sei es in der Hardware oder in der Software. Dabei werden detailliert verschiedene Messinstrumente und Messmöglichkeiten behandelt. Es wird auch ausführlich auf die Siemens-Technologien STEP7 Classic und TIA Bedienoberfläche eingegangen. Dieses Nachschlagewerk ist in den Kapiteln so strukturiert aufgebaut, dass die Fehlersuche in wenigen Schritten erleichtert wird. Ein bisschen Glück gehört natürlich auch dazu!

2 Automatisierungskomponenten und deren Fehlermöglichkeiten

2.1 Schütze, Sicherungen und Relais

2.1.1 Schütz-Ansteuerung

Bei einem Fehler sollte anhand von Schaltplan und Kennzeichnung das betreffende Schütz lokalisierbar sein.

Wenn z. B. ein Motor nicht läuft, kann man anhand der Kennzeichnung des Motors und dessen Steuerungsschützes im Schaltplan durch eine korrekte Kennzeichnung – z. B. M3 (Motor3) und K13 (Schütz13) – die Störung im Schaltschrank finden und untersuchen. Damit lassen sich auch die Arbeitskontakte eines Schützes überprüfen und die Ansteuerung des Schützes lokalisieren. Sofern der entsprechende Ausgang der Steuerung ein 1-Signal führt (an der Ausgabebaugruppe leuchtet die LED), ist die Ansteuerung von Schütz und Motor zu prüfen. Letztlich hilft auch ein Blick in den Schaltschrank und eine Kontrolle, ob das Schütz angezogen oder abgefallen ist. An der Klemmleiste oder am Schütz sollte gemessen werden, ob die Steuerspannung anliegt, dies kann zur Vervollständigung des Fehlerbildes beitragen.

An den Kontakten kann die Steuerspannung nachgemessen werden, ebenso auch die am Lastkreis anliegende Spannung. Allerdings können die Spannungen auseinanderliegen: Im Steuerstromkreis können neben 230 V Wechselspannung auch 24 V Gleichspannung verwendet werden. In der Regel hat man es im Steuerstromkreis nur mit einer der beiden Spannungen zu tun.

Bild 2.1
Hilfsschütz

Die Bauformen von Schützen bzw. Relais können sehr unterschiedlich sein. Zur Bestimmung des richtigen Gerätes dient die Anlagenkennzeichnung, die sich auch im Schaltplan und in der Programmierung wiederfinden sollte. Im Bild 2.2. ist als Beispiel ein Relais dargestellt, in Form eines Sicherheitsschaltgeräts.

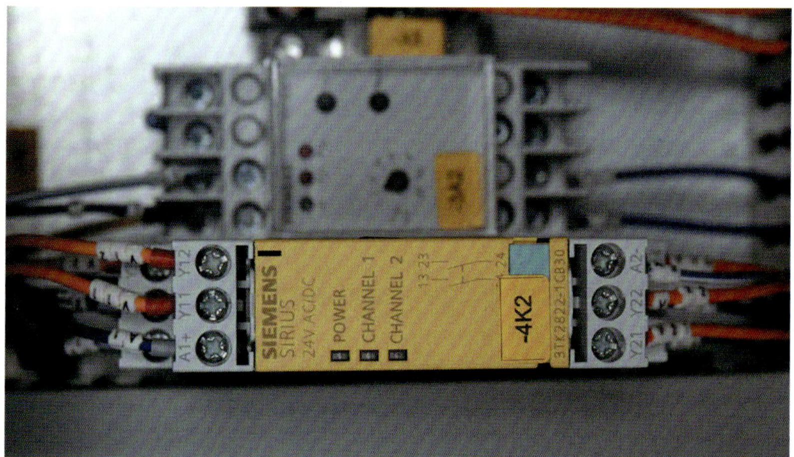

Bild 2.2 *Sicherheitsschaltgerät*

2.1.2 Relais

Ein Relais hat eine vergleichbare Funktionsweise wie ein Schütz. Es ist jedoch nicht für höhere Schaltleistungen ausgelegt. Die konstruktiven Unterschiede sind für die Fehlersuche von untergeordneter Bedeutung, sodass ähnlich vorgegangen werden kann.

Bild 2.3 *Steckrelais*

2.1.3 Motorschutzschalter

Der Motorschutzschalter schützt den Motor vor dauerhafter Überlastung. Sollte ein Motorschutzschalter häufiger auslösen, so ist er defekt, falsch eingestellt oder der Motor ist über seine Leistungsgrenzen hinaus länger betrieben worden. Bei einem Motor, der im Direktanlauf betrieben wird, stellt man den Motorschutzschalter auf den maximalen Strom und bei einem Stern-Dreieckanlauf auf das 0,58-Fache des Motornennstroms ein. Es existieren unterschiedliche Bauformen – Bild 2.4 zeigt die mit Knebelschalter – auch solche mit zusätzlichen Kontakten für eine Rückmeldung in die SPS, ob der Schalter ausgelöst hat oder nicht.

Bild 2.4 *Leistungsschalter*

2.1.4 Sicherung

Die Sicherung schützt die Leitung zum Motor sowohl vor dauerhafter Überlastung als auch vor kurzzeitigen erheblichen Überlastungen (Kurzschluss). Für ein übermäßiges Auslösen kommen vergleichbare Ursachen wie beim Motorschutzschalter infrage. Es existieren unterschiedliche Bauformen, einige haben auch zusätzliche Kontakte für eine Rückmeldung in die SPS, ob der Schalter ausgelöst hat oder nicht.

Ist ein Knebelschalter „oben“, so ist die Sicherung eingeschaltet, ist er „unten“, so ist sie ausgeschaltet oder die Sicherung hat wegen eines Fehlers ausgelöst. Sicherungen besitzen teilweise einen Hilfskontakt, der der angeschlossenen Steuerung signalisiert, ob die Sicherung ausgelöst hat.

Andere Sicherungsbauformen haben eine Porzellanfassung zum Schrauben für Sicherungseinsätze, dies nennt man Schmelzeinsatz oder Sicherungspatrone, sie haben vergleichbare Eigenschaften. Eine solche Sicherung hat einen Kennmelder, der beim Auslösen der Sicherung abfällt. Danach ist eine Messung angeraten, um festzustellen, ob die Sicherung ausgelöst hat. Zu den Schmelzsicherungen gehören auch Bauformen zum Stecken mit Schraubkappe (Schraubsicherungen, Bild 2.6), je nach Ausfühung auch zum allpoligen Trennen eines dreiphasigen Anschlusses. Eine Schmelzsicherung ist nach dem Auslösen defekt und muss ausgetauscht werden. Ein Sicherungsautomat lässt sich nach dem Auslösen wieder einschalten, sollte er nicht halten, so ist die Störung noch vorhanden, die zum Auslösen geführt hat.

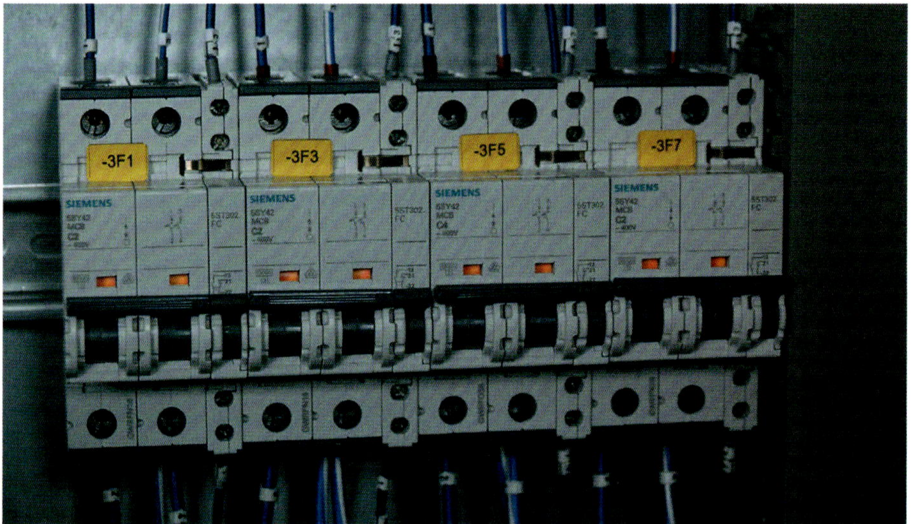

Bild 2.5 *Leitungsschutzschalter*

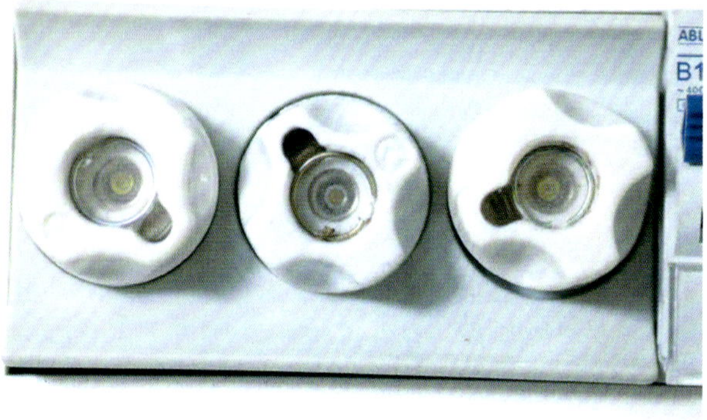

Bild 2.6
Sicherheitssockel mit Schraubkappe

2.1.5 Reparaturschalter

Ob ein Reparaturschalter existiert, lässt sich aus dem Schaltplan erkennen, er ist dort mit seinen Kontakten in Reihe zu den Motoranschlüssen eingezeichnet. Bei einer Reparatur kann damit der Antrieb allpolig stromlos geschaltet werden. Üblicherweise wird das Wiedereinschalten zur Sicherheit mit einem Einhängeschloss verhindert.

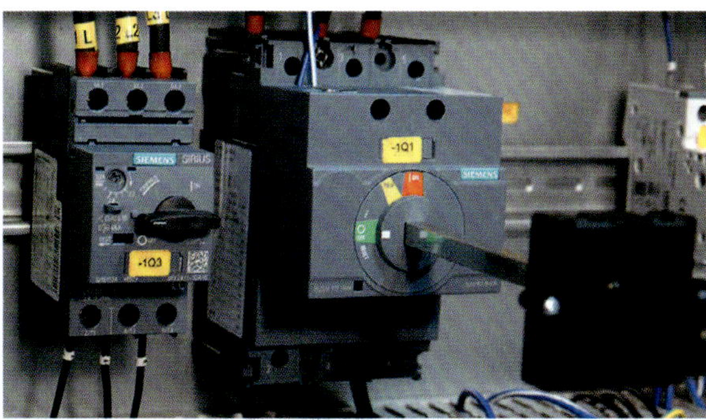

Bild 2.7 *Reparaturschalter*

2.1.6 LoTo (lock out, tag out)

Bild 2.8 *LOTO-Sicherheitsschlos*

LoTo ist ein Verfahren zur Sicherung von Maschinen mittels Lockout und Tagout (Verriegelung, Kennzeichnung). Mit dem Lockout wird sowohl eine mechanische als auch eine elektrische Sicherung gegen das Wiedereinschalten einer Anlage eingesetzt. Das Tagout vervollständigt diese Sicherung optisch durch einen entsprechenden Warnanhänger mit Angaben zum Grund, der Dauer und der für die Sperre verantwortlichen Person.

2.1.7 Not-Aus-Taster

Bild 2.9 *Not-Aus*

Der Not-Aus schaltet die Anlage stromlos. Damit sind nicht alle Risiken beseitigt, denn es können zum Beispiel noch Anlagenteile erhitzt sein oder es besteht noch Druck in den Anlagen. Üblicherweise werden die Notauskreise als Öffner verdrahtet, d. h. der entsprechende Eingang an der SPS muss ein 1-Signal führen, damit die Anlage läuft. Prinzipiell soll ein Not-Aus-Taster nur im Notfall betätigt werden, leider wird er aber gerne auch manchmal zum Ausschalten der Anlage benutzt. Auch hier existieren verschiedene Bauformen, in der Regel wird eine gelb-rote Kennfarbe mit der Beschriftung Not-Aus kombiniert.

Leider gibt es bei dieser Standard-Bauform das Problem, dass ein betätigter Not-Aus (Bild 2.10) kaum von einem unbestätigten Not-Aus (Bild 2.11) zu unterscheiden ist. Es existieren allerdings auch Bauformen, die optisch auffälliger die Betätigung signalisieren. Ein Not-Aus wird immer drahtbruchsicher angeschlossen und ausgewertet.

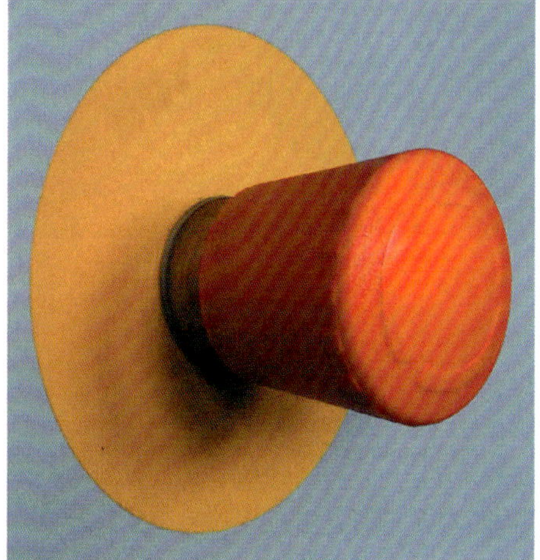

Bild 2.10 *Not-Aus betätigt*

Bild 2.11 *Not-Aus nicht betätigt*

2.1.8 Not-Halt

Der Not-Aus wird häufig mit dem Not-Halt verwechselt, die beiden Taster lösen allerdings unterschiedliche Reaktionen der Anlage aus. Wird der Not-Halt betätigt, so werden die gefahrbringenden Bewegungen gestoppt. Beim Not-Aus wird das System stromlos geschaltet, was bei elektrischen Gefährdungen erforderlich ist. Die Verdrahtung des Not-Halt ist wie beim Not-Aus als Öffner ausgeführt, auch hier muss ein 1-Signal am Eingang der SPS anliegen, damit die Anlage einschaltbereit ist. Not-Halt-Schalter sind aufgrund der Beschriftung als solche erkennbar und damit vom Not-Aus zu unterscheiden.

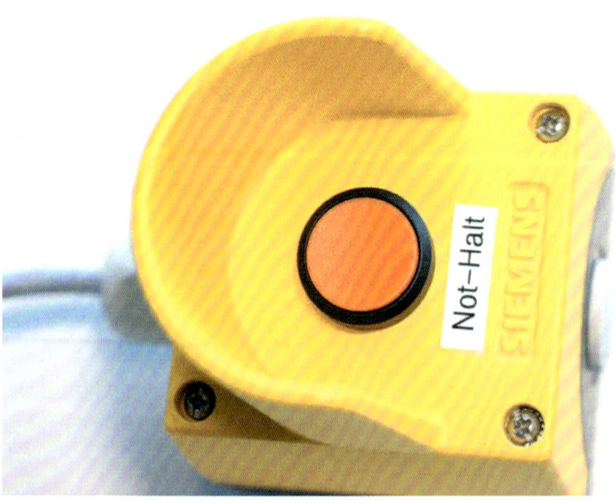

Bild 2.12 *Not-Halt*

Ein Reparaturschalter, Not-Aus oder Not-Halt können in der Visualisierung dargestellt werden. Dazu muss der jeweilige Schalter an einen freien Eingang der SPS verdrahtet werden. Bei weit verteilten Anlagen ist der betätigte Not-Aus häufig schwer zu lokalisieren. Dann hilft ein Blick in die Visualisierung – bei entsprechend auffälliger Darstellung mit Blinken –, um den betätigten Not-Aus schnell räumlich zu lokalisieren.

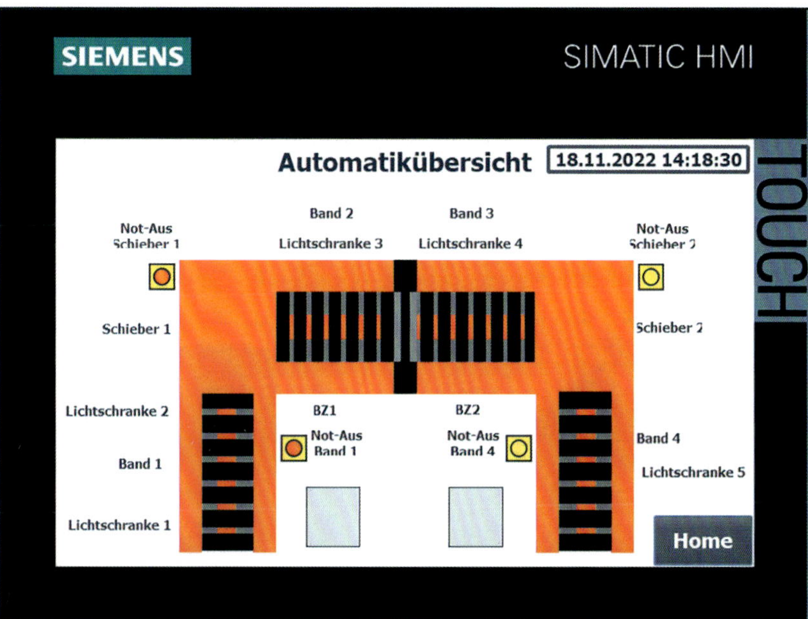

Bild 2.13 *Not-Aus-Darstellung in der Visualisierung*

2.2 Messtechnik

Bei der Fehlerbehebung werden in unterschiedlichen Situationen verschiedene Werkzeuge eingesetzt, um das Problem zu lokalisieren und am Ende der Störung die Lösung zu überprüfen. An erster Stelle stehen hierbei Messwerkzeuge, die zur präzisen Erfassung und Überwachung von Prozessgrößen eingesetzt werden. Ein allgemein gebräuchliches Messinstrument für Längenmessungen ist der Gliedermaßstab, der in der Praxis oft als Zollstock bezeichnet wird und bei der Überprüfung von Abständen unverzichtbar ist.

Des Weiteren werden in der Automatisierungstechnik für elektrische Messgrößen wie Strom, Spannung, Widerstand und Durchgang bevorzugt spezialisierte Messgeräte eingesetzt, um eine genaue Erfassung und Analyse dieser Parameter zu ermöglichen. Auch nichtelektrische Messgrößen wie Druck, Temperatur, Durchfluss und Volumen werden mittels entsprechender Sensoren von der SPS erfasst und verarbeitet.

2.2.1 Durchgangsprüfer

Mit einem Durchgangsprüfer wird die Durchgängigkeit eines Bauteils geprüft, also ob eine leitende Verbindung besteht oder nicht. Es erweist sich oft als ausreichendes Werkzeug für eine erste grobe Prüfung. Wichtig ist zu beachten, dass das Messobjekt während dieser Prüfung spannungsfrei sein muss.

2.2.2 Multimeter

Das Multimeter ist ein vielseitiges Messinstrument, das eine breite Palette von Messaufgaben abdeckt. Dazu gehören Spannungs- und Strommessungen in Gleich- und Wechselspannung, Widerstandsmessungen, Durchgangsprüfungen sowie teilweise auch Frequenz-, Kapazitäts- und Induktivitätsmessungen. Multimeter sind in digitaler und

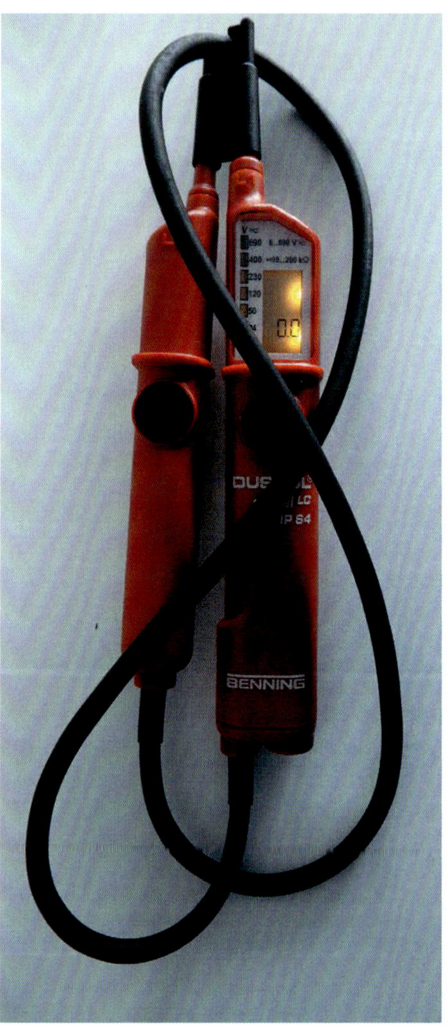

Bild 2.14 *Durchgangsprüfer*

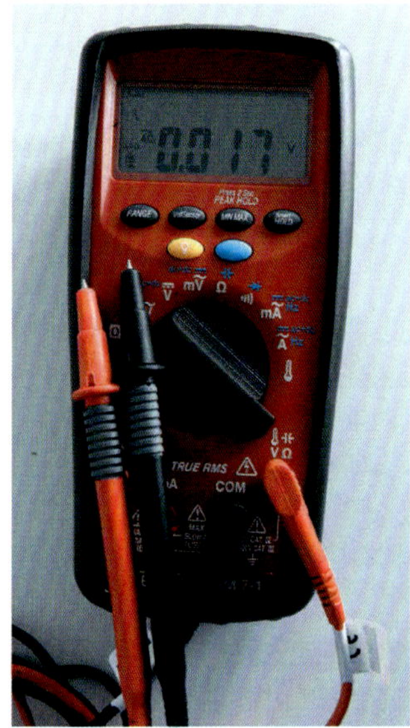

Bild 2.15 *Digitales Multimeter*

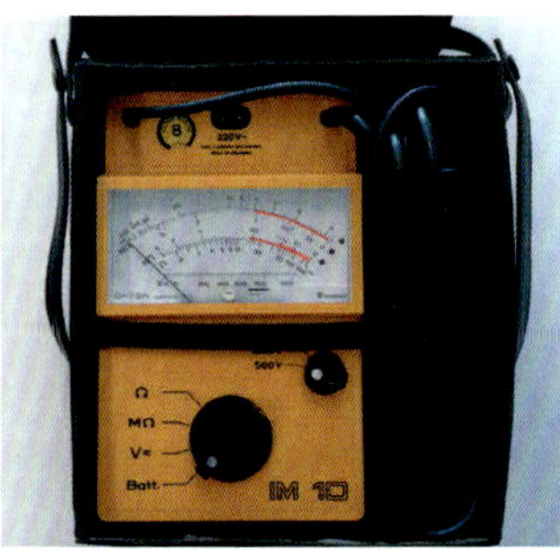

Bild 2.16 *Analoges Multimeter für Prüfzwecke*

analoger Ausführung erhältlich, digitale Modelle verwenden Ziffernanzeigen und analoge Modelle Zeiger und Skalen. Für präzise und zuverlässige Messergebnisse ist eine gewisse Übung im Umgang mit diesen Geräten erforderlich.

Die Interpretation der Messergebnisse spiegelt das Geschick und die Erfahrung des Anwenders wider. Daher ist es wichtig, die Bedienung und die Funktionsweise des Multimeters zu beherrschen, um genaue Messungen durchführen und entsprechende Schlussfolgerungen ziehen zu können.

Analoge Messgeräte, die auf Zeiger und Skala basieren, haben trotz der Verbreitung digitaler Messinstrumente weiterhin ihre Berechtigung. Die Nutzung dieser Geräte erfordert eine gewisse Routine, da das Ablesen der Messwerte auf der Skala eine manuelle Fertigkeit darstellt. Ebenso muss in vielen Fällen die Wahl des Messbereichs manuell vorgenommen werden. Trotz der fortschrittlichen Technologie bieten analoge Messgeräte nach wie vor bestimmte Vorteile, zum Beispiel einen besseren Überblick über den Gesamtmessbereich und werden deshalb in verschiedenen Anwendungen bevorzugt.

2.2.3 Messwertgeber und Messgerät

Ein Messwertgeber (Bild 2.17) bzw. Messwertsimulator kann Werte sowohl geben als auch messen. Die Geberfunktionen funktionieren bei Strömen von 0–20 mA, Spannungen von 0–11 V und Widerstandswerten bis ca. 1000 Ohm. Die Messfunktionen belaufen sich auf Ströme zwischen 0 und 100 mA und Spannungen von 0–50 V. Ein typisches Einsatzgebiet ist die Verwendung als Referenzquelle bei analogen SPS-Eingängen und Eingängen, die für Widerstandsmessungen konfiguriert sind. Der Messwertgeber ermöglicht es, bekannte und kalibrierte Strom-, Spannungs- oder Widerstandswerte bereitzustellen, die in den Messprozess einbezogen werden können, um die Genauigkeit und Verlässlichkeit der Messungen sicherzustellen.

2.2.4 Stromzange

Die Strommessung erfordert normalerweise das Unterbrechen des Stromkreises, um den Strommesser einzufügen. Eine alternative Methode, die weniger aufwendig ist, ist die Verwendung einer Stromzange (Bild 2.18). Dabei ist das Aufbrechen des Stromkreises nicht erforderlich, da der Messwert über das Magnetfeld des durchflossenen Leiters ermittelt wird. Die Strommessung mit einer Stromzange ist somit effizienter und ermöglicht eine zerstörungsfreie Überwachung des Stroms in einem laufenden System.

2.2.5 Messgeräte für PROFINET und Profibus

Die bisher am häufigsten eingesetzten Bussysteme PROFINET und PROFIBUS erfordern spezialisierte Messgeräte. Das BT 200 von Siemens (Bild 2.19) stellt eine benutzerfreundliche Lösung für die Messtechnik im Profibus-Bereich bereit.

Das BT 200 wird hauptsächlich zur Überprüfung der Businstallation (Verdrahtungstest) eingesetzt. Mit diesem Gerät können Kabelbrüche, vertauschte A+B-Leitungen, fehlende Abschlusswiderstände, Kurzschlüsse und Schirmbrüche festgestellt werde. Weiterhin gibt es auch die Möglichkeit, Teilnehmertests und Entfernungstests (Kabellängen) durchzuführen.

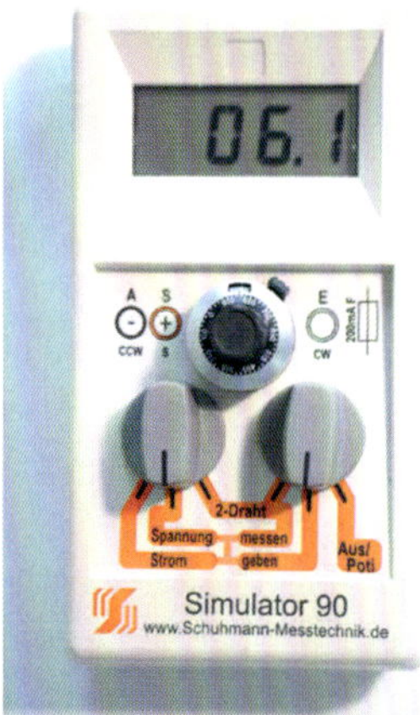

Bild 2.17 *Messwertgeber und Messgerät*

Bild 2.18 *Stromzange*

Bild 2.19 *BT 200, ein Messgerät für Profibus-Systeme*

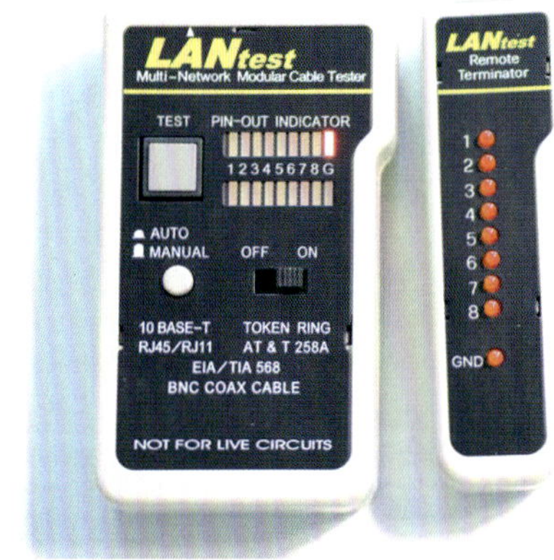

Bild 2.20 *LAN-Kabeltester*

LAN-Kabeltester (PROFINET-Kabel RJ45)

Mit diesem LAN-Tester (Bild 2.20) wird die Verdrahtung der RJ45-Netzwerkkabel getestet. Leitungen können mit diesem Gerät auf Durchgang, Kurzschluss, Adervertauschung und Kabeldefekt getestet werden.

2.3 Schaltpläne und Betriebsmittelkennzeichnungen

2.3.1 Schaltplan lesen und verstehen

Die in Schaltplänen verwendeten Symbole folgen oft Normen, aber bei speziellen Geräten wie dem PILZ PSWZ-Gerät werden auch herstellerspezifische Darstellungen in den Schaltplan integriert.

Ein geübter Umgang mit Schaltplänen erleichtert das Auffinden von Fehlern erheblich. Dabei ist es entscheidend, den Strompfad nachzuvollziehen, um Fragen wie „Woher kommt der Strom (die Einspeisung)?", „Über welche Sicherung fließt der Strom?" und „Über welche Klemmleiste gelangt er zum Drehstrommotor?" zu beantworten.

Bild 2.21 zeigt ein Beispiel eines Schaltplanes für die Schaltung eines Drehstrommotors mit PILZ-Sicherheitsrelais und für einen Camile-Bauer-Messumformer zur Messung von Wirkleistung.

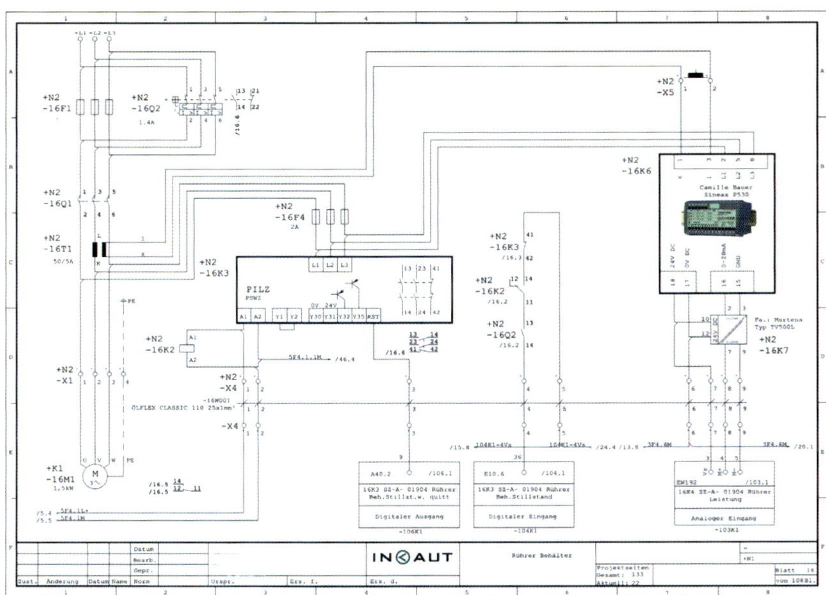

Bild 2.21 *Schaltplan*

2.3.2 Anlagenkennzeichnungssysteme

Es gibt eine Vielzahl von Anlagenkennzeichnungssystemen, die sich je nach Umfeld und Anforderungen voneinander unterscheiden. Diese Systeme sind oft konzern- oder firmenspezifisch. Dabei wird oft nicht nur der Antrieb selbst gekennzeichnet, sondern auch zusätzliche Reparaturschalter und Drehzahlüberwachungen sind mit Kennzeichnungen versehen. In Bild 2.22 sind verschiedene Anlagenkennzeichnungssymbole dargestellt.

Neben den konzern- und firmenspezifischen Betriebsmittelkennzeichnungen gibt es die Norm DIN EN 81346. In dieser Norm werden die Klassifizierungsschemata für Objekte mit Kennbuchstabenfestgelegt. Sie umfasst alle Fachbereiche und ist nicht nur auf den elektrotechnischen Bereich beschränkt. So werden in der Norm bautechnische sowie konstruktive mit elektrotechnischen Bereichen vereinheitlicht.

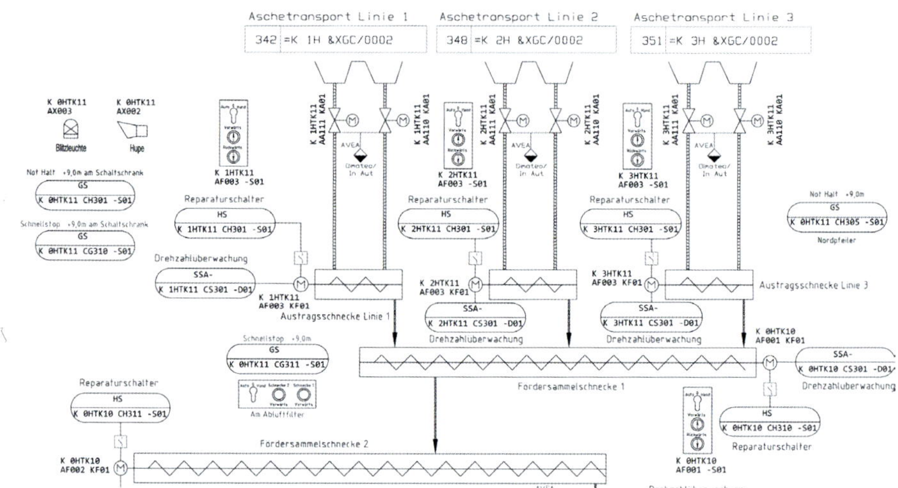

Bild 2.22 *Anlagenkennzeichnungssymbole*

2.3.3 R&I-Fließschema (Rohrleitungs- und Instrumentenschema)

Durch die Verwendung von Symbolen zur Kennzeichnung wird ein Fließschema erstellt, das den Materialfluss sowie alle beteiligten Komponenten anschaulich abbildet. Ein Beispiel zeigt Bild 2 23.

In Tabelle 2.1 ist eine Auswahl der Symbole zusammengestellt, die in Fließschemata verwendet werden, wesentliche Elemente sind Förderschnecken, Behälter, Motore und Ventile. Die zugehörige Kennzeichnung ist davon separat zu sehen. Die Basis der graphischen Symbole ist in der ISO 10628-2 spezifiziert, Kombinationen und Erweiterungen werden häufig eingesetzt.

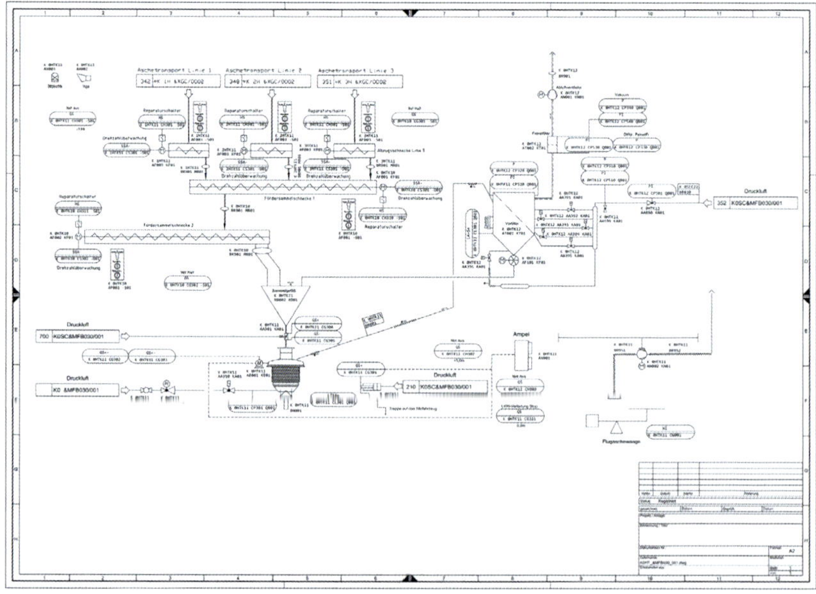

Bild 2.23 *Fließschema*

Tabelle 2.1 Fließbildsymbole

Geschlossener Tank mit konischem Boden	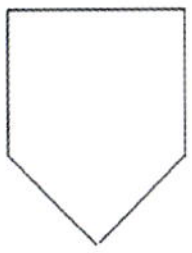
Siebapparat, Rechen (allgemein)	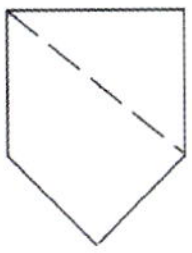
Förderschnecke	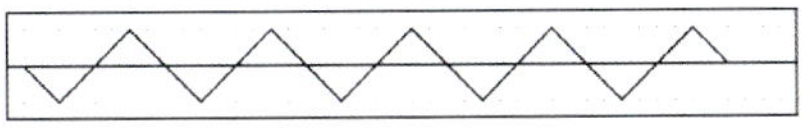
Flüssigkeitspumpe	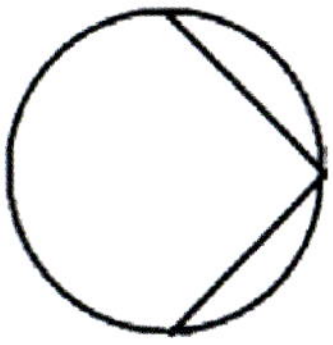
Verdichter	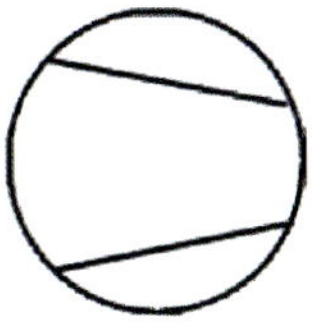
Elektromotor	 M
Absperrventil	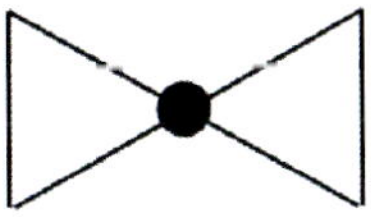
Absperrklappe	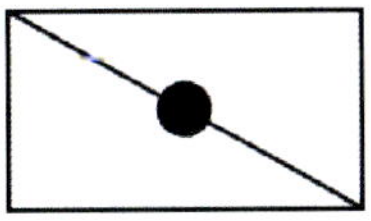

2.4 Bustechnik

Die Bustechnik, auch als Datenbus oder einfach Bus bezeichnet, ist ein Konzept in der Elektronik und der Informationstechnologie, bei dem mehrere Komponenten oder Geräte in einem System miteinander kommunizieren, indem sie Daten über einen gemeinsamen

Datenpfad teilen. Dieser Datenpfad kann physische Leitungen, Kabel oder drahtlose Verbindungen umfassen, je nachdem, wie das Bussystem konfiguriert ist. Bustechnik wird in einer Vielzahl von Anwendungen und Systemen verwendet, darunter neben vielen anderen Industrieautomatisierung, Fahrzeugelektronik und Kommunikationssysteme.

Wenn Bussysteme verwendet werden, ist es bei Anlagenstörungen oft schwierig zu erkennen, wo die eigentliche Störung liegt. Befindet sie sich im Bussystem oder in der Peripherie? Oftmals kommen die Schwierigkeiten weniger vom Bussystem selbst, sondern vielmehr von der begrenzten Erfahrung im Umgang mit diesem Kommunikationsmedium. Der Bus stellt eine eher unauffällige Komponente bei speicherprogrammierbaren Steuerungen (SPS) dar, gewinnt jedoch zunehmend an Bedeutung. Mit steigender Erfahrung im Umgang mit Bussen verringert sich die Wahrscheinlichkeit von Problemen bei möglichen Störungen.

Je nach Art des verwendeten Busses ist eine entsprechende Konfiguration der Schnittstelle erforderlich. Informationen zum konkreten Bustyp sind in der Hardware- oder Gerätekonfiguration verfügbar. Dort ist auch die Busadresse für die angeschlossene Hardware festgelegt, ebenso die gegebenenfalls einzustellenden Übertragungsgeschwindigkeiten. Die Hardware für verschiedene Bussysteme unterscheidet sich je nach verwendeten Kabeln und Steckern. Die Software hingegen basiert auf unterschiedlichen Kommunikationsprotokollen, die in der Regel für den Endanwender nicht von Bedeutung sind. Allerdings ist es entscheidend, dass beide Kommunikationspartner dasselbe Protokoll unterstützen, um eine erfolgreiche Kommunikation sicherzustellen.

2.4.1 PROFIBUS

PROFIBUS wird zwar allmählich vom aufkommenden PROFINET verdrängt, ist aber immer noch weit verbreitet. Ein Erkennungsmerkmal für PROFIBUS sind die großen D-Sub-9-Stecker und gelegentlich auch die lila Kabel. Die lila Kabelfarbe ist besonders bei Siemensprodukten üblich, leider verwenden andere Hersteller auch andere Farbcodierungen.

Die Verwirrung wird noch dadurch verstärkt, dass der D-Sub-9-Stecker auch im MPI-Bus zum Einsatz kommt, oft ebenfalls mit lila Kabeln. Techniker müssen daher einen Blick in die Konfiguration werfen, um die richtigen Verbindungseinstellungen zu ermitteln: Schnittstelle, Protokoll und Übertragungsgeschwindigkeit. Der MPI-Bus steht nur bei den S7-300- und S7-400-Steuerungen zur Verfügung. Bei CPUs mit einer MPI/DP-Schnittstelle ist nur eine Konfiguration und Nutzung des Busprotokolls möglich, entweder PROFIBUS oder MPI-Bus. Über den MPI-Bus kann man mit der Globaldaten-Kommunikation Datensätze zwischen S7-CPUs austauschen. Beim PROFIBUS können Daten mit der Kommunikation über FDL übertragen werden.

Bei CPUs mit zwei Schnittstellen (MPI und DP) können beide Busprotokolle gleichzeitig aktiviert werden und sind auch parallel nutzbar. Bei PROFIBUS werden die in der Hardwarekonfiguration eingestellten Parameter bei Start des Masters an die angeschlossenen Slaves übertragen. In der Regel werden bei den Slaves nur die Teilnehmer-PROFIBUS-Adressen per DIP-Schalter eingestellt. Bei einigen PROFIBUS-Teilnehmern können die Teilnehmeradressen auch über eine Parametriersoftware oder ein Display am Gerät eingestellt werden.

2.4.2 Fehlerbehandlung PROFIBUS

PROFIBUS hat sich im industriellen Einsatz als sehr robust erwiesen. Ein Großteil der auftretenden Störungen ist auf fehlerhafte Installation oder mangelhafte Wartung zurückzuführen und kann von vornherein vermieden oder frühzeitig erkannt werden.

Bei Steuerungsstart (Wechsel STOP → RUN) überprüfen die Steuerungen, ob alle verwendeten Adressen zur Verfügung stehen. Da es aller Voraussicht nach nicht gelingen wird, dass Master und Slave exakt zum gleichen Zeitpunkt in die Betriebsart „RUN" bzw. „RUN-P" wechseln, muss dieser Fehler noch abgefangen werden. Hierzu legt man auf Master- und Slave-Seite jeweils noch den Baustein „OB82" an. Dieser Fehlerbehandlungsbaustein benötigt keinen Inhalt, muss jedoch vorhanden sein.

Sollen die Teilnehmer für Fehlermeldungen überwacht werden, kann man mit diesen OBs eine Meldung z. B. für ein OP erzeugen. Bild 224 zeigt ein Beispiel für den Simatic Manager.

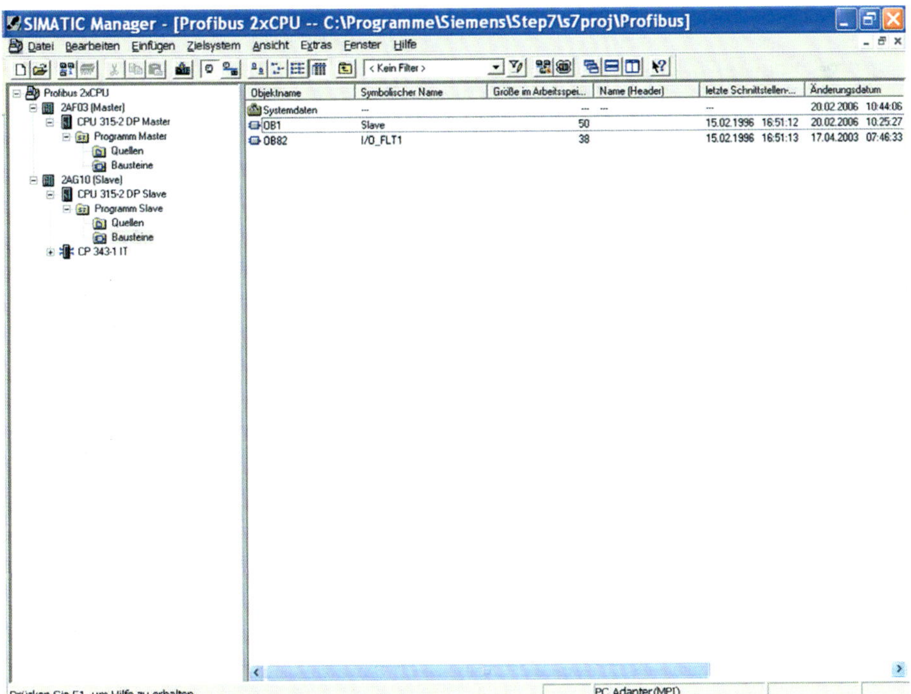

Bild 2.24 *Fehlerbehandlungsbaustein OB82*

2.4.2.1 Installationsprüfung

Sinnvoll ist die Überprüfung des Bussystems nach der Installation. Auch wenn das Bussystem mit allen Komponenten funktioniert, sollten Sie den Bus mit geeigneten Prüfgeräten untersuchen. Schwachstellen wie geringe Signalpegel oder Reflektionen, die im Praxisbetrieb zu Anlagenausfällen führen, können Sie hier rechtzeitig feststellen.

Bei umfangreicheren Netzen können Sie sich viel Arbeit ersparen, wenn Sie eine Störung auf einen Teilnehmer oder einen Teil des Netzes eingrenzen können. Eine Netzwerkdiagnose können Sie mit einem entsprechenden Gerät auch zur Qualitätssicherung dokumentieren.

2.4.2.2 Fehlerquellen im Betrieb

Eine Betriebsstörung ist sehr selten auf einen Fehler im Programm zurückzuführen. Ähnlich wie bei der sonstigen Verkabelung der Anlage können auch am Bus Probleme durch Kabelbruch (z. B. hervorgerufen durch Vibrationen) oder Korrosion auftreten. Mit einem Bustester können Sie diese Fehler häufig schnell orten und Ihre Anlage zügig wieder in Betrieb nehmen.

Vergleichen Sie bei der regelmäßigen Wartung die Messprotokolle mit den Inbetriebnahmeprotokollen, um sich abzeichnende Busprobleme schon vor Anlagenausfall beheben zu können.

2.4.2.3 Fehlerquellen bei der Wartung

Beim Austausch eines Busteilnehmers muss die Adresse des neuen Gerätes auf den Wert des alten Gerätes eingestellt werden. Hierbei ist zu beachten, dass PROFIBUS-Geräte ihre neue Adresse erst bei Aus- und Einschalten der Spannungsversorgung übernehmen.

2.4.3 PROFINET

PROFINET (Abkürzung von **Pro**cess **Fi**eld **Net**work) ist ein offener Industrial-Ethernet-Standard für die Automatisierung. PROFINET nutzt die TCP/IP-Standards und ist damit Echtzeit-fähig. PROFINET dient zur Anbindung von verteilten Geräten an eine SPS-Steuerung. Das können weitere SPS, Panels, Frequenzumrichter oder – allgemein gesprochen – Sensoren und Aktoren sein.

2.4.3.1 PROFINET-Protokolle

Das **OSI-Modell** (englisch Open Systems Interconnection Model) ist ein Referenzmodell für Netzwerkprotokolle als Schichtenarchitektur. Es wird seit 1983 von der International Telecommunication Union (ITU) und seit 1984 auch von der International Organisation for Standardisation (ISO) als Standard veröffentlicht. PROFINET verwendet in den verschiedenen Schichten des OSI-Modells die im Folgenden angegebenen Protokolle.

Schichten 1–2

Nur Full-Duplex mit 100 MBit/s elektrisch (100BASE-TX) oder optisch (100BASE-FX) nach IEEE 802.3 sind als Geräteanschluss erlaubt. Autocrossover ist für alle Anschlüsse obligatorisch, damit auf den Einsatz von gekreuzten Kabeln verzichtet werden kann. Aus

IEEE 802.1Q wird das VLAN mit Priority Tagging verwendet. Alle Echtzeitdaten erhalten damit die größtmögliche Priorität 6 und werden so mit einer minimalen Verzögerung von einem Switch weitergeleitet. Das PROFINET-Protokoll kann mit jedem Ethernet-Analysewerkzeug aufgezeichnet und dargestellt werden. Wireshark decodiert in der aktuellen Version auch die PROFINET-Telegramme. Das Link Layer Discovery Protocol (LLDP) ist mit zusätzlichen Parametern erweitert worden, sodass neben der Erkennung der Nachbarn auch die Laufzeit der Signale auf den Verbindungsleitungen mitgeteilt werden kann.

	OSI-Schicht (de)	OSI-Schicht (en)	Profinet				
7a	Anwendung	Application	Fieldbus Application Layer (FAL) Dienste und Protokolle				OPC UA
7b			RSI	leer	leer	RPC	--
6	Darstellung	Presentation				--	
5	Sitzung	Session					
4	Transport	Transport				UDP	TCP
3	Netzwerk	Network				IP	
2	Sicherung	Data Link	TSN		CSMA/CD		
1	Bitübertragung	Physical	Ethernet				

Bild 2.25 *Profinet Protokoll*

Schichten 3–6

Für den Verbindungsaufbau und die azyklischen Dienste wird entweder das Remote Service Interface (RSI)-Protokoll oder das Remote Procedure Call (RPC)-Protokoll eingesetzt. Das RPC-Protokoll wird über User Datagram Protocol (UDP) und Internet Protocol (IP) mit dem Einsatz von IP-Adressen verwendet. Das Adresse Resolution Protocol (ARP) wird dazu mit der Erkennung von doppelten IP-Adressen erweitert. Für die Vergabe der IP-Adressen wird obligatorisch das Discovery and basic Configuration Protocol (DCP) eingesetzt. Optional kann dazu auch das Dynamic Host Configuration Protocol (DHCP) eingesetzt werden. Mit dem RSI-Protokoll werden keine IP-Adressen verwendet. Somit kann das Internet-Protokoll im Betriebssystem des Feldgeräts für andere Protokolle wie zum Beispiel OPC Unified Architecture (UPC UA) genutzt werden.

Schicht 7

Um die Dienste des Fieldbus Application Layers (FAL) zu erreichen, sind verschiedene Protokolle definiert. Das RT (Real-Time) Protokoll gilt für Anwendungen der Klassen A & B mit Zykluszeiten in der Größenordnung von 1 – 10 ms. Das IRT (Isochronous Real-Time)-Protokoll für die Anwendungsklasse C erlaubt Zykluszeiten unter 1 ms für Anwendungen in der Antriebstechnik. Dies kann mit denselben Diensten auch über Time-Sensitive Networking (TSN) erreicht werden.

2.4.4 Unterschiede zwischen PROFIBUS und PROFINET

PROFIBUS und PROFINET unterscheiden sich grundlegend in ihrer Übertragungstechnologie. Während PROFIBUS ein klassischer serieller Feldbus ist, nutzt PROFINET ein industrielles Ethernet-Protokoll. Obwohl sie ihre Wurzeln in der gleichen PI-Organisation haben, weisen sie signifikante Unterschiede auf. Die wichtigsten sind in Tabelle 2.2 zusammengestellt.

Der Hauptunterschied liegt in der Verkabelung. PROFINET verwendet grüne industrielle Ethernet-Kabel, die häufig mit RJ45-Steckern oder gelegentlich – in anspruchsvollen Umgebungen und BFOCs-Glasfaserinstallationen – mit M12-Steckern verbunden werden. Im Gegensatz dazu sind PROFIBUS-Netzwerke durch lilafarbene paargenutzte RS-485-Verkabelungen gekennzeichnet, die üblicherweise mit Standard-Sub-D oder M12-Steckern konfiguriert ist.

Bei den Datenübertragungsfähigkeiten erreichen PROFIBUS-Netzwerke Geschwindigkeiten von bis zu 12 Mbit/s, obwohl sie in der Praxis oft nur mit 1,5 Mbit/s betrieben werden. Die Größe der übertragenen Datentelegramme kann bis zu 244 Byte betragen, und die Anzahl der Geräte in einem PROFIBUS-Netzwerk ist auf 126 begrenzt. Bei PROFIBUS-Kabellängen über 200 Meter ohne Repeater muss die Übertragungsrate auf 500 kBit/s und niedriger eingestellt werden.

Tabelle 2.2 *Vergleich PROFBUS und PROFINET*

	PROFIBUS®	PROFINET®
Organisation	PI	
Application Profile	gleich	
Konzepte	Maschinenbau, GSDs	
Bitübertragungsschicht	RS-485	Ethernet
Geschwindigkeit	12 Mbit/s	1 Gbit/s oder 100 Mbit/s
Telegramm	244 Bytes	1440 Bytes (zyklisch)*
Adressbereich	126	unbegrenzt
Technologie	Master/Slave	Provider/Consumer
Konnektivität	PA + andere*	viele Busse
Drahtlos	möglich**	IEEE 802.11.15.1
Bewegung	32 axes	> 150 axes
Von Maschine zu Maschine	nein	ja
Vertikale Integration	nein	ja
*Bei mehreren Telegrammen: bis zu $2^{32} - 65$ (azyklisch)		
**Nicht in der Spezifikation, aber verfügbare Lösungen		

Im Gegensatz dazu können PROFINET-Netzwerke Geschwindigkeiten von bis zu 100 Mbit/s (manchmal sogar bis zu 1 Gbit/s) erreichen, wobei Telegramme eine beeindruckende Größe von bis zu 1440 Bytes haben und praktisch keinen begrenzten Adressraum aufweisen. Ein weiterer entscheidender Unterschied liegt im Mechanismus des Datenaustauschs: PROFIBUS verwendet eine Master-Slave-Interaktion, während PROFINET das Consumer-Provider-Modell einsetzt. Beim PROFINET IO wird eine dezentrale Peripherie mit der Steuerung (IO-Controller) verbunden und das Consumer-Provider-Modell organisiert die Kommunikation zwischen den IO-Teilnehmern und dem

IO-Controller. Der große Vorteil von PROFINET besteht in der Verwendung der zukunftssicheren Ethernet-Technologie, die eine deutlich höhere Bandbreite, größere Nachrichtengrößen und einen nahezu unbegrenzten Adressraum ermöglicht. Ein weiterer Vorteil (zumindest in manchen Anwendungen) liegt darin, dass PROFINET die Definition von Proxy-Gateways unterstützt, die die Übersetzung ihres Netzwerks in ein anderes ermöglichen.

2.4.5 Ethernet TCP/IP

Ethernet TCP/IP ist ein Begriff, der die Kombination von zwei Protokollen bezeichnet, Ethernet und TCP/IP. Ethernet ist ein Datenverbindungsprotokoll, das definiert, wie Daten über ein lokales Netzwerk (LAN) mithilfe von physischen Kabeln und Switches übertragen werden. TCP/IP ist eine Reihe von Protokollen, die definieren, wie Daten über das Internet oder andere Netzwerke mithilfe von logischen Adressen und Routern übertragen werden. Zusammen ermöglichen Ethernet und TCP/IP eine zuverlässige und effiziente Kommunikation zwischen verschiedenen Geräten über Netzwerke.

2.4.6 EtherNet/IP

EtherNet/IP ist ein industrielles Netzwerkprotokoll, das das Common Industrial Protocol (CIP) an das Standard-Ethernet anpasst. EtherNet/IP ist eines der führenden industriellen Protokolle in den USA und wird in verschiedenen Branchen wie Fabrik-, Hybrid- und Prozessautomation eingesetzt. EtherNet/IP basiert auf den grundlegenden TCP/IP-Protokollen. TCP und UDP unterstützen die Durchgängigkeit zwischen Office-Netzwerk und der zu steuernden Anlage. EtherNet/IP benötigt keine spezielle Hardware, sondern läuft auf regulärer Netzwerktechnik. EtherNet/IP ist in der Normenreihe für Feldbusse IEC 61158 standardisiert. Das „IP“ in EtherNet/IP steht für „Industrial Protocol“.

2.4.7 EtherCAT

EtherCAT (Ethernet for Control Automation Technology) ist eine Lösung für die Industrieautomatisierung, die eine gute Performance und eine besonders einfache Handhabung bietet. Ethernet hat Vorteile wie hohe Datenübertragungsraten, einfache Integrationsmöglichkeiten in bestehende Netze und vielfältige Möglichkeiten und Schnittstellen, diese gelten für nahezu alle Anbieter.

2.4.8 DeviceNet

DeviceNet ist ein Protokoll für die Automatisierungstechnik, das auf CAN und CIP basiert. Es verbindet Steuergeräte, unterstützt verschiedene Bitraten und Netzwerkarchitekturen und ist robust und kostengünstig. Es ist Teil der CIP-Familie, die auch EtherNet/IP und ControlNet umfasst. Es ist als IEC 62026-3 standardisiert.

2.4.9 Interbus

Interbus ist ein Feldbussystem, das in der Automatisierungstechnik eingesetzt wird. Es wurde in den 1980er-Jahren von Phoenix Contact entwickelt und hat sich zu einem weit verbreiteten Bus-Standard in der Industrie entwickelt. Interbus basiert auf einem Ringprinzip, bei dem ein Master (z. B. ein Industrie-PC oder eine SPS) einen Datenrahmen an alle Slaves (z. B. Sensoren oder Aktoren) sendet, die ihn nacheinander lesen und ggf. verändern. Interbus zeichnet sich durch hohe Geschwindigkeit, Zuverlässigkeit und Echtzeitfähigkeit aus. Interbus ist in der internationalen Norm IEC 61158 festgelegt und wird von der PROFIBUS-Nutzerorganisation und PROFIBUS & PROFINET International betreut.

2.4.10 Modbus

Modbus ist ein Kommunikationsprotokoll, das den Datenaustausch zwischen einem Master und mehreren Slaves ermöglicht. Es wurde 1979 von Gould-Modicon für die Kommunikation mit seinen speicherprogrammierbaren Steuerungen entwickelt. Es gibt verschiedene Versionen von Modbus, die sich in der Art und dem Format der Datenübertragung unterscheiden. Die gängigsten sind Modbus TCP/IP, Modbus RTU und Modbus ASCII. Modbus ist ein offenes Protokoll, das in vielen Branchen als Standard verwendet wird.

2.4.11 RS232, RS485

RS-232 und RS-485 sind zwei Standards für serielle Schnittstellen, die die Kommunikation zwischen Geräten regeln. RS-232 kann nur zwei Geräte mit einem unsymmetrischen Signal verbinden, das störanfällig und langsam ist. RS-485 kann dagegen mehrere Geräte mit einem symmetrischen Signal verbinden, das außerdem störsicher und schnell ist. RS-232 hat einen größeren Stecker mit mehreren Steuerleitungen, RS-485 einen kleineren Stecker, über den ausschließlich Datenleitungen laufen. Das Protokoll für die Datenübertragung ist bei RS-485 nicht vorgegeben.

2.4.12 IO-Link

IO-Link ist ein Kommunikationssystem, das die Anbindung von intelligenten Sensoren und Aktoren an ein Automatisierungssystem ermöglicht. IO-Link basiert auf einer Punkt-zu-Punkt-Kommunikation über ein einfaches 3-Leiter-Kabel, das sowohl Daten als auch Energie überträgt. IO-Link ist ein internationaler Standard nach der Norm IEC 61131-9 und ist unabhängig vom verwendeten Feldbus. IO-Link erlaubt eine erweiterte Diagnose, Parametrierung und Fernwartung der angeschlossenen Geräte.

3 Speicherprogrammierbare Steuerungen

SPS steht für „Speicherprogrammierbare Steuerung" und ist eine elektronische Steuerungseinheit, die in der Automatisierungstechnik und in industriellen Steuerungssystemen weit verbreitet ist. SPS-Komponenten sind die Bauteile, die in einer SPS-Anlage verwendet werden, um verschiedene Aufgaben in der Steuerung, Überwachung und Automatisierung von industriellen Prozessen auszuführen. In Verbindung mit Visualisierungen können komplette Anlagenprozesse beobachtet und gesteuert werden.

3.1 S7-300

Das Siemens S7-300-Steuerungssystem ist in der Automatisierungsindustrie nach wie vor weit verbreitet und wird in Verbindung mit dem Simatic Manager und dem TIA-Portal eingesetzt. Dieses System verwendet Frontstecker zur Verdrahtung der einzelnen Module. Bild 3.1 zeigt eine S7-Kompakt-CPU. Diese kompakte Bauform kann jedoch Herausforderungen bei defekten Modulen mit sich bringen, da diese fest mit der CPU verbaut sind und nicht ausgetauscht werden können. Zum Austausch von defekten Baugruppen eignet sich besser ein diskreter Aufbau mit einer CPU und Ein-Ausgabebaugruppen.

Bild 3.1
S7-314C

3.2 S7-400

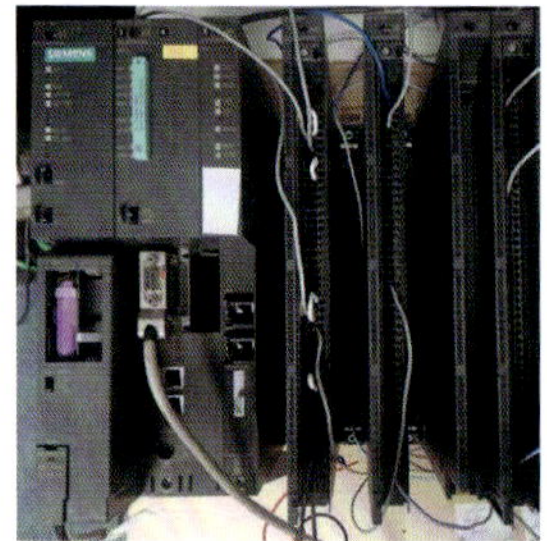

Bild 3.2 *S7-400*

Auch das Siemens S7-400-Steuerungssystem wird nach wie vor häufig in Verbindung mit dem Simatic Manager und dem TIA-Portal eingesetzt. Es verwendet ebenfalls Frontstecker zur Verdrahtung der Module, was aber das Risiko von Verdrahtungsstörungen erhöht. Ein Pluspunkt des S7-400-Systems ist jedoch der Montagerahmen, der nicht nur die Modulverbindung ermöglicht, sondern auch den Rückwandbus bereitstellt. Die S7-Serie wurde seit 1994 entwickelt und 1995 in Deutschland eingeführt. Die Verarbeitungsgeschwindigkeit von S7-400 war zu der Zeit gegenüber S5 Steuerungen beeindruckend. Inzwischen entspricht dieses System nicht mehr dem aktuellen Stand der Technik und soll durch S7-1500 abgelöst werden. Die Betreuung und Lieferbarkeit sind allerdings bis mindestens 2035 garantiert.

3.3 ET 200S

Die ET 200S (IM151-7 CPU) ist eine ältere, jedoch immer noch lieferbare CPU-Baugruppe, die auf Modularität ausgelegt ist. Diese Baureihe ermöglicht die Erweiterung durch das Hinzufügen von Modulen, die in einen speziellen Sockel eingefügt werden. Die Verdrahtung erfolgt dann innerhalb dieser Module.

Ein herausragender Vorteil dieses Systems liegt in der problemlosen Austauschbarkeit der Module sowie der kompakten Bauweise, die es ermöglicht, die verfügbare Fläche effizient zu nutzen.

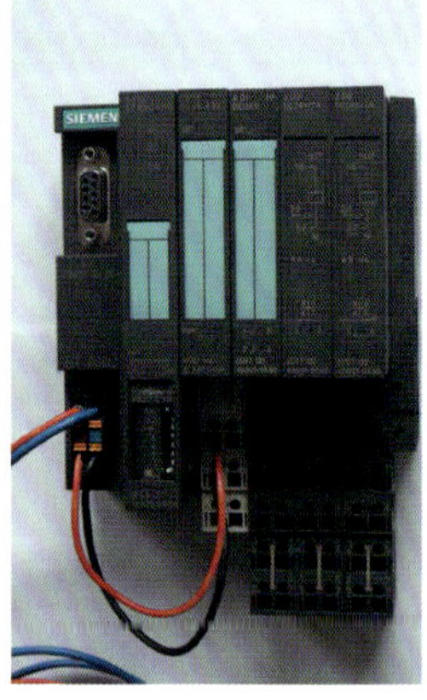

Bild 3.3 *ET200S*

Bild 3.4 *CPU S7-1212FC*

3.4 S7-1200

Eine kompakte Arbeitsmaschine in der Automatisierung ist die S7-1200, die ausschließlich mit dem TIA-Portal eingesetzt wird. Bei diesem System erfolgt die Verdrahtung der Module über Frontstecker, was zwar die Wartung der Module erleichtert, aber das Risiko von Verdrahtungsstörungen erhöht.

Sie ist besonders für kleinere Aufgaben geeignet. Die Montage dieses Systems erfolgt mittels Hutschienen, um eine sichere Befestigung zu gewährleisten.

3.5 S7-1500

Die S7-1500 ist leistungsstärker als die S7-1200 und wird ebenfalls exklusiv mit dem TIA-Portal eingesetzt. Dieses System verwendet Frontsteckern zur Verdrahtung der Module, was zwar den Modultausch erleichtert, aber das Risiko von Verdrahtungsstörungen erhöht, jedoch gleichzeitig umfangreiche Erweiterungsmöglichkeiten bietet.

Es gilt als repräsentativ für den aktuellen Stand der Technik in der Automatisierungsbranche.

Bild 3.5
CPU S7-1511C

3.6 ET 200SP

Die ET 200SP ist eine modernere (aktuelle) Generation von CPU-Modulen, die modular erweiterbar sind. Dabei werden Module in spezielle Sockel gesteckt, in denen die Verdrahtung erfolgt. Sie weist eine Verwandtschaft zur S7-1500 auf, verzichtet jedoch auf ein Display. Das Gehäuse dieses Systems wird auf einer Hutschiene montiert, an die die Modulbaugruppen in Reihe angebracht werden.

Zu den Vorteilen dieses Systems zählen ein im Vergleich zur S7-1500 einfacherer Modulwechsel sowie eine reduzierte Platzanforderung. Während des Modultauschs bleibt die Verdrahtung unverändert, was das Risiko von Verdrahtungsfehlern minimiert.

Bild 3.6
ET200SP

Fehleranalyse in der Anlage

4

4.1 Erste Schritte zur Fehleranalyse

Zur Fehleranalyse einer Anlage stehen in ersten Schritten mehrere Möglichkeiten zur Verfügung.

Optische Überprüfung der Anlage

- Kann man einen mechanischen (z. B. Teile der Anlage abgerissen/verformt) oder elektrischen Defekt (z. B. Kabel durchtrennt, Sensor abgerissen) erkennen?
- Sind alle Sicherungen und Motorschutzschalter im Schaltschrank in Ordnung?
- Lässt sich die Anlage einschalten?

Einfache Überprüfungen, wenn sich die Anlage nicht einschalten lässt

- Not-Aus oder Not-Halt-Schalter betätigt?
- Hauptschalter ausgelöst?
- Ist eine Sicherheitslichtschranke unterbrochen?
- Ist eine Sicherheitstür geöffnet?
- Ist die SPS unter Spannung und keine LED rot?

Messtechnische Überprüfungen, wenn keine optischen Fehler erkennbar sind

- Schaltschrank öffnen und die 3 Phasen der Versorgungsspannung messen
- Wenn an der SPS keine LED leuchten, die Steuerspannung von 24 V messen

Überprüfung von Busstörungen

Die Spannungen sind in Ordnung, die STOP-LED der CPU leuchtet rot und die BF-LED blinkt. Dann sollte getestet werden:

1. PROFIBUS-Fehler ein oder mehrere Teilnehmer sind von der CPU aus nicht erreichbar:
   - Optische Überprüfung, ob bei einem oder mehreren Teilnehmern eine rote LED leuchtet oder blinkt

- Kabel und Stecker (Abschlusswiderstand) überprüfen
- Beim PROFIBUS ist der Abschlusswiderstand immer an dem Stecker eingeschaltet, an dem nur ein PROFIBUS-Kabel angeschlossen ist. Beim PROFIBUS ohne Repeater sind die Busteilnehmer in Reihe geschaltet. Wenn eine Unterbrechung im PROFIBUS-Kabel oder im PROFIBUS-Stecker ist, fallen alle nachfolgenden Teilnehmer aus und sind gestört.
- Netzwerk-Verkabelung und Anschlüsse an die gestörten Teilnehmer überprüfen
- Ist die Busverkabelung in Ordnung: gestörte Teilnehmer und/oder Interface-Modul auswechseln. Achtung: Beim neuen Busteilnehmer muss noch die Teilnehmeradresse eingestellt werden.

2. PROFINET-Fehler ein oder mehrere Teilnehmer sind von der CPU aus nicht erreichbar:
   - Optische Überprüfung, ob bei einem oder mehreren Teilnehmern eine rote LED leuchtet oder blinkt
   - Netzwerk-Verkabelung und Anschlüsse an die gestörten Teilnehmer überprüfen
   - Das PROFINET kann auch sternförmig über Switche verkabelt sein.
   - Ist die Busverkabelung in Ordnung: gestörte Teilnehmer und/oder Interface-Modul auswechseln
   - Achtung: Der neue Teilnehmer muss noch namentlich über das Programmiergerät getauft werden.
3. Baugruppe LED leuchtet rot:
   - Verdrahtung an Baugruppe auf Versorgungsspannung der Anschlussbytes überprüfen
   - Bei Analogeingabebaugruppe: Ist der Strom oder die Spannung außerhalb des eingestellten Messbereiches?

Fehleranalyse über Netzwerkfunktion

Über die Eingabeaufforderung (Bild 4.1) lässt sich ein PING-Befehl auf die gesuchte Zieladresse absetzen. Die Eingabeaufforderung ist unabhängig von Simatic Manager und TIA-Portal in Windows verfügbar. Dieser Befehl wird vom System viermal ausgeführt, somit stehen vier Antworten zur Verfügung.

Test der Antriebe durch Hand- und Automatikbetrieb

Um einen Antrieb manuell zu steuern, muss die Anlage in den Handbetrieb geschaltet werden. Wenn dies erfolgreich ist und der Antrieb reagiert, liegt das Problem nicht im Hardware-Bereich von der SPS bis zum Motor. Falls die manuelle Ansteuerung nicht funktioniert und die Ansteuerungs-LED (in grün) leuchtet, muss die Ansteuerung vom Ausgang der SPS bis zum Motor überprüft werden. Hierbei wird nach Unterbrechungen, Fehlern oder Unregelmäßigkeiten in der Anlage gesucht. Wenn die manuelle Ansteuerung

```
Eingabeaufforderung
Microsoft Windows [Version 10.0.19045.3208]
(c) Microsoft Corporation. Alle Rechte vorbehalten.

C:\Users\CST>ping 192.168.125.52

Ping wird ausgeführt für 192.168.125.52 mit 32 Bytes Daten:
Antwort von 192.168.125.241: Zielhost nicht erreichbar.
Antwort von 192.168.125.241: Zielhost nicht erreichbar.
Antwort von 192.168.125.241: Zielhost nicht erreichbar.
Antwort von 192.168.125.241: Zielhost nicht erreichbar.

Ping-Statistik für 192.168.125.52:
    Pakete: Gesendet = 4, Empfangen = 4, Verloren = 0
    (0% Verlust),

C:\Users\CST>ping 192.168.125.51

Ping wird ausgeführt für 192.168.125.51 mit 32 Bytes Daten:
Antwort von 192.168.125.51: Bytes=32 Zeit=2ms TTL=30
Antwort von 192.168.125.51: Bytes=32 Zeit=3ms TTL=30
Antwort von 192.168.125.51: Bytes=32 Zeit=1ms TTL=30
Antwort von 192.168.125.51: Bytes=32 Zeit=2ms TTL=30

Ping-Statistik für 192.168.125.51:
    Pakete: Gesendet = 4, Empfangen = 4, Verloren = 0
    (0% Verlust),
Ca. Zeitangaben in Millisek.:
    Minimum = 1ms, Maximum = 3ms, Mittelwert = 2ms

C:\Users\CST>
```

Bild 4.1 *Eingabeaufforderung*

erfolgreich ist, sollte im Programm selbst der Automatikbetrieb genauer geprüft werden. Möglicherweise gibt es im Programmcode Fehler oder Bedingungen, die den Antrieb nicht wie erwartet steuern. Der Programmcode ist auf eine fehlende Ein- oder Ausschaltbedingung hin zu prüfen. Die Prüfung wird bevorzugt im Beobachtungs-Modus durchgeführt, weil dort der Signalverlauf in grün (Standardeinstellung im S7-Programm) dargestellt wird. Dieser Ansatz hilft dabei, den Fehler in der Steuerung oder der Ansteuerung eines Motors zu identifizieren und gezielt zu beheben.

4.2 SPS-LED Ein- und Ausgänge

An den digitalen Aus- und Eingängen erfolgt die Anzeige des Signalstatus durch grüne LEDs. Bei einem 0-Signal ist die LED ausgeschaltet, während sie bei einem 1-Signal leuchtet. Je nach Konfiguration in der Hardware kann es vorkommen, dass selbst im

STOP-Betriebszustand der CPU ein Ausgang angesteuert wird und die dazugehörige LED folglich aktiviert ist. Bei einigen Ausgabebaugruppen kann in der HW-Konfiguration eingestellt werden, dass die CPU im Stop steht, wenn der Ausgang eingeschaltet wird. Hingegen leuchten die LEDs auf der Eingangsseite unabhängig vom Betriebszustand der CPU.

4.2.1 Fehlerdiagnose per Status-LED an S7-300 und S7-400 CPU

Die Bedeutung der LED-Anzeigen bei den Systemen S7-300 und S7-400 sind in Tabelle 4.1 zusammengestellt.

Tabelle 4.1 *Fehlerdiagnose durch LED bei S7-300 und S7-400*

Anzeige	Bedeutung	Erläuterung
SF – rot	Sammelfehler	diagnosefähige Baugruppen melden Sammelfehler
BF – rot BUSF – rot auch BF1, BF2	Busfehler (LED fehlt)	Störung am PROFIBUS DP
BAF– rot, BATF – rot	Batteriefehler	Pufferbatterie fehlt oder Spannung zu gering
DC5V – grün	5-V-Versorgung für CPU und Rückwandbus	interne 5-V-Versorgung ist OK
FRCE – gelb	Forcen aktiv	Ein- und/oder Ausgänge der CPU sind zwangsgesteuert (geforced)
RUN – grün	Betriebszustand RUN	RUN-Zustand bei Dauerlicht, Blinken beim Anlauf
STOP – gelb	Betriebszustand STOP	STOP-Zustand bei Dauerlicht, Blinken bei Urlöschen
LINK – grün	Verbindung aktiv	Dauerlicht: Verbindung der zugehörigen Schnittstelle aktiv
RX/TX – gelb	Datentransfer aktiv	Empfangen/Senden der zugehörigen Schnittstelle aktiv, blinkt bei Datenübertragung

4.2.2 Fehlerdiagnose per Status-LED an S7-1200 und S7-1500 CPU

Die CPU und die E/A-Module nutzen LEDs, um Informationen über den Betriebszustand der CPU oder der E/A zu liefern. In der S7-1500 Baureihe werden darüber hinaus detaillierte Informationen über ein integriertes Display ausgegeben. Im Gegensatz zu den S7-1500 CPUs verfügen die S7-1200-Steuerungen über kein Display. Die Informationen über den Zustand der S7-1200-CPU werden an den eingebauten LEDs angezeigt.

Status-LEDs an einer CPU 1200

Die CPU bietet die folgenden Statusanzeigen:

- STOP/RUN
  - Gelbes Dauerlicht zeigt den Betriebszustand STOP an.
  - Grünes Dauerlicht zeigt den Betriebszustand RUN an.
  - Blinken (abwechselnd grün und gelb) zeigt an, dass die CPU in der Betriebsart STARTUP ist.
- ERROR
  - Eine blinkende LED zeigt einen Fehler an, z. B. einen internen CPU-Fehler, einen Fehler der Memory Card oder einen Konfigurationsfehler (unpassende Module).
  - Fehlerzustand: Rotes Dauerlicht zeigt defekte Hardware an.
  - Fehlerzustand: Alle LEDs blinken, wenn der Fehler in der Firmware erkannt wird.
- Wenn Sie eine Memory Card stecken, blinkt die LED MAINT (Wartung). Die CPU wechselt dann in den Betriebszustand STOP. Nachdem die CPU in den Betriebszustand STOP gegangen ist, führen Sie eine der folgenden Funktionen durch, um die Auswertung der Memory Card zu starten:
  - Versetzen Sie die CPU in den Betriebszustand RUN.
  - Führen Sie ein Urlöschen durch (MRES).
  - Schalten Sie die CPU aus und wieder ein.

Der Zustand der LEDs an den S7-1200-CPUs und ihre Bedeutung ist in Tabelle 4.2 aufgeführt.

Tabelle 4.2 *Fehlerdiagnose LED S7-1200*

Beschreibung	STOP Gelb/RUN Grün	ERROR Ro	MAINT Gelb
Netz aus	Aus	Aus	Aus
Anlauf, Selbsttest oder Firmware-Aktualisierung	Blinken (abwechselnd gelb und grün)	-	Aus
Betriebszustand STOP	Ein (gelb)	-	-
Betriebszustand RUN	Ein (grün)	-	-
Ziehen Sie die Memory Card	Ein (gelb)	-	blinkt
Fehler	Ein (gelb oder grün)	blinkt	-
Wartung erforderlich • Geforcte E/A • Batteriewechsel erforderlich (bei installiertem Batterie-board)	Ein (gelb oder grün)	-	Ein
Hardware defekt	Ein (gelb)	Ein	Aus
LED-Test oder CPU-Firmware defekt	Blinken (abwechselnd gelb und grün)	blinkt	blinkt
Unbekannte oder inkompatible Version der CPU-Konfiguration	Ein (gelb)	blinkt	blinkt

Zum Fehler „Unbekannte oder inkompatible Version der CPU-Konfiguration"

Wenn ein S7-1500 V1.8 Programm (offline) in eine S7-1500 V2.9 (online) geladen wird, verursacht dies einen CPU-Fehler und die CPU zeigt eine entsprechende Fehlermeldung im Diagnosepuffer des TIA-Portals an. Der Fehler kann beseitigt werden, indem die CPU-Eigenschaften geöffnet und unter *Allgemein* die Firmware-Version geändert wird. Alternativ dazu kann über „Gerät tauschen" die CPU gegen die gleiche CPU mit der richtigen Firmware-Version ausgewechselt werden. Die CPU bietet auch zwei LEDs, die den Zustand der PROFINET-Kommunikation anzeigen. Öffnen Sie die untere Abdeckklappe der Klemmenleiste, um die PROFINET-LEDs zu sehen.

- Link (grün) wird eingeschaltet, um eine erfolgreiche Verbindung anzuzeigen.
- Rx/Tx (gelb) wird eingeschaltet, um Übertragungsaktivität anzuzeigen.

Die CPU und jedes digitale Signalmodul (SM) bieten eine I/O-Channel-LED für jeden digitalen Eingang und Ausgang. I/O-Channel (grün) wird ein- oder ausgeschaltet, um den Zustand des jeweiligen Eingangs oder Ausgangs anzuzeigen.

4.2.3 Status-LED an einem Signalmodul (SM)

Jedes digitale SM bietet eine DIAG-LED, die den Zustand des Moduls anzeigt:

- Grün zeigt an, dass das Modul betriebsbereit ist.
- Rot zeigt an, dass das Modul defekt oder nicht betriebsbereit ist.

Jedes analoge SM bietet eine I/O-Channel-LED für jeden der analogen Ein- und Ausgänge an.

- Grün zeigt an, dass der Kanal konfiguriert wurde und aktiv ist.
- Rot zeigt einen Fehlerzustand des jeweiligen analogen Eingangs oder Ausgangs an.

Außerdem bietet jedes analoge SM eine DIAG-LED, die den Zustand des Moduls anzeigt:

- Grün zeigt an, dass das Modul betriebsbereit ist.
- Rot zeigt an, dass das Modul defekt oder nicht betriebsbereit ist.

Das SM erkennt das Vorhandensein bzw. die Abwesenheit von Modulspannung (feldseitige Spannung, sofern erforderlich).

Die Fehlerdiagnose mithilfe dieser LEDs wird in Tabelle 4.3 zusammengestellt.

Tabelle 4.3 Fehlerdiagnose Signalmodul

Beschreibung	DIAG Gelb/Grün	I/O Channel Gelb/Grün
Feldseitige Spannung ist aus	rot blinkend	rot blinkend
Nicht konfiguriert oder Aktualisierung in Bearbeitung	grün blinkend	Aus
Modul fehlerfrei konfiguriert	Ein (grün)	Ein (grün)
Fehlerbedingung	rot blinkend	-
E/A-Fehler (bei aktivierter Diagnose)	-	rot blinkend
E/A-Fehler (bei deaktivierter Diagnose)	-	Ein (grün)

4.3 Der Fehlermodus

Wenn die CPU-Firmware einen schwerwiegenden Fehler erkennt, wird ein Neustart im Fehlermodus versucht, wobei der Fehlermodus durch kontinuierliches Blinken der LEDs STOP/RUN, ERROR und MAINT angezeigt wird.

In diesem Fehlermodus werden das Anwenderprogramm und die Hardwarekonfiguration nicht geladen. Wenn die CPU den Neustart im Fehlermodus erfolgreich abschließt, erfolgt eine Rücksetzung der Ausgänge von CPU und Signalboard auf den Wert „0".

Die Ausgänge der Signalmodule im zentralen Baugruppenträger sowie der dezentralen E/A werden entsprechend der konfigurierten „Reaktion auf CPU-STOP" gesetzt. Falls der Neustart im Fehlermodus fehlschlägt, beispielsweise aufgrund eines Hardwarefehlers, sind die LEDs STOP und ERROR aktiviert, während die LED MAINT deaktiviert ist.

STEP7-Fehleranalyse

5

Der Simatic Manager ist ein umfassendes Programmpaket, das STEP7, HW-Konfig, Netzkonfig, PLCSIM, STARTER, WinCC flexibel und andere Zusatzprogramme einschließt. Mit dem Simatic Manager werden die Steuerungen programmiert, die Hardware und Netzwerkkonfiguration eingerichtet und parametriert. Es können online Programmierfehler, Hardwarefehler sowie Vernetzungsfehler bei den S7-Steuerungen festgestellt werden.

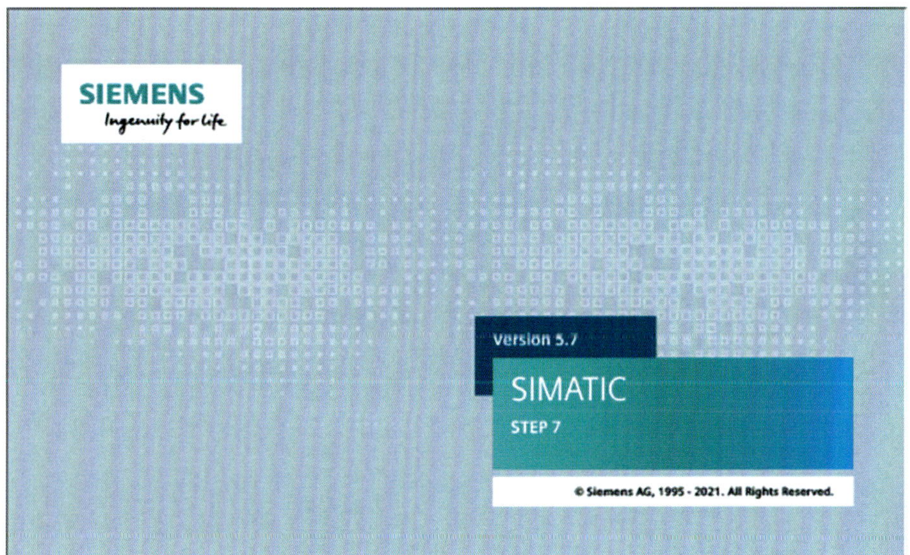

Bild 5.1 *Startbild Simatic Manager*

Der Simatic Manager (Classic) kann nur für die S7-300- und S7-400-Steuerungen eingesetzt werden. Die Darstellung im Programm weist eine geringere Detailtiefe auf, dennoch sind alle essenziellen Funktionen durch wenige Mausklicks (Rechtsklick und Linksklick) leicht zugänglich.

5.1 STEP7-Version feststellen

Um mit der softwaretechnischen Fehlersuche beginnen zu können, ist es wichtig zu wissen, welche STEP7-Version (siehe Bild 5.1, Startbild Simatic Manager) und welche Zusatzpakete auf dem Programmiergerät (PG) installiert sind. Im Programm selbst findet man die Programmversion im Menü-Band unter *Hilfe* und *Info* (Bild 5.2).

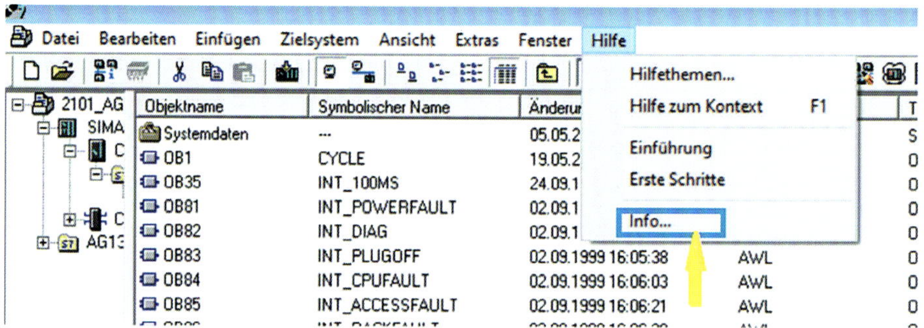

Bild 5.2 *Informationsfenster öffnen*

In der STEP7-Manager Information wird die Versionsnummer und der Ausgabestand des STEP7-Managers dargestellt (Bild 5.3). Weitere Informationen zu installierten Softwareversionen können mit Klick auf den Button *Anzeigen* geöffnet werden.

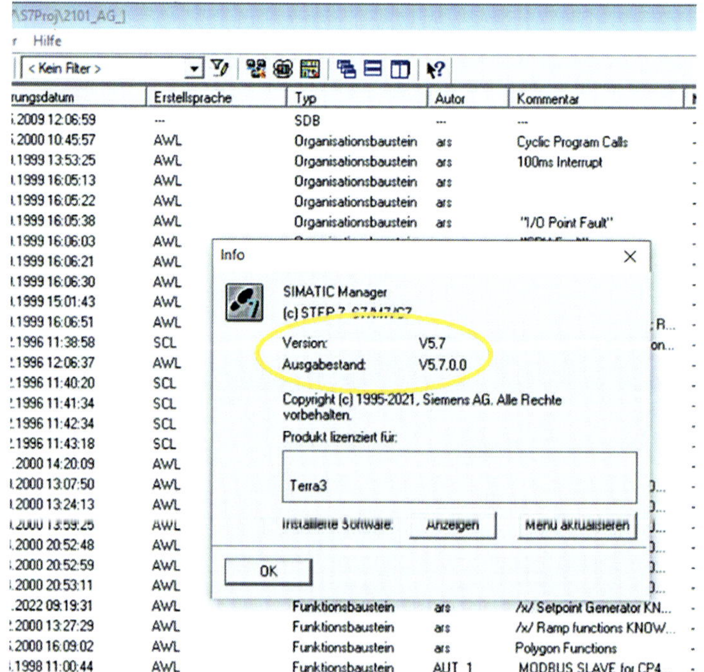

Bild 5.3 *STEP7 Informationsfenster*

In dem Fenster der installierten SIMATIC-Software befinden sich Informationen zu Produkten, Komponenten, Hardware-Updates und System-Dateien. Im Bild 5.4 sind alle Softwarepakete zu sehen, die aktuell auf dem PC installiert sind. Das sind zum Beispiel SIMATIC WinCC flexible, S7-PLCSIM (Simulation) sowie verschiedene Programmiersprachen wie S7-Graph oder S7-SCL. Zusätzlich können weitere Softwarepakete wie Safety oder SINAMICS (Frequenzumrichter) installiert werden.

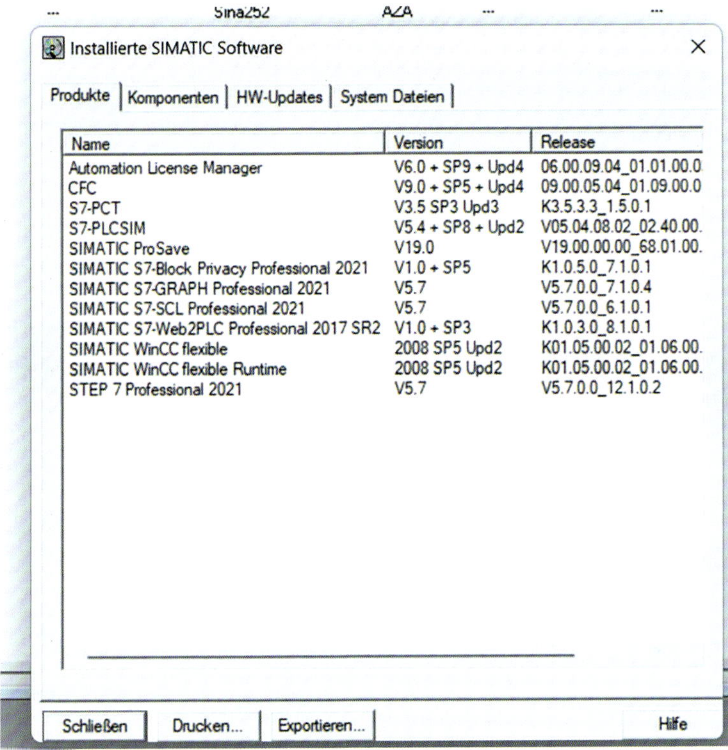

Name	Version	Release
Automation License Manager	V6.0 + SP9 + Upd4	06.00.09.04_01.01.00.0
CFC	V9.0 + SP5 + Upd4	09.00.05.04_01.09.00.0
S7-PCT	V3.5 SP3 Upd3	K3.5.3.3_1.5.0.1
S7-PLCSIM	V5.4 + SP8 + Upd2	V05.04.08.02_02.40.00.
SIMATIC ProSave	V19.0	V19.00.00.00_68.01.00.
SIMATIC S7-Block Privacy Professional 2021	V1.0 + SP5	K1.0.5.0_7.1.0.1
SIMATIC S7-GRAPH Professional 2021	V5.7	V5.7.0.0_7.1.0.4
SIMATIC S7-SCL Professional 2021	V5.7	V5.7.0.0_6.1.0.1
SIMATIC S7-Web2PLC Professional 2017 SR2	V1.0 + SP3	K1.0.3.0_8.1.0.1
SIMATIC WinCC flexible	2008 SP5 Upd2	K01.05.00.02_01.06.00.
SIMATIC WinCC flexible Runtime	2008 SP5 Upd2	K01.05.00.02_01.06.00.
STEP 7 Professional 2021	V5.7	V5.7.0.0_12.1.0.2

Bild 5.4 *Installierte Software im Simatic Manager*

5.2 Programmiersprachen

Die üblichen Programmiersprachen in STEP7 Classic sind AWL (Anweisungsliste), FUP (Funktionsplan) und KOP (Kontaktplan). Die Programmiersprachen SCL (Structed Control Language) und Graph7 (Schrittkettenprogrammierung) sind unüblich und werden nur selten eingesetzt. Für diese Sprachen bietet der Simatic Manager keine einfache Umschaltmöglichkeit zu FUP, KOP oder AWL.

In den nachfolgenden Abbildungen sind Programmierbeispiele in AWL (Bild 5.5), FUP (Bild 5.6) und KOP (Bild 5.7) dargestellt.

Die in der AWL-Programmierung eingesetzten Befehle NOP 0 und Klammersetzung Klammer-Auf und ZU dienen als Platzhalter, um die Netzwerke auch in FUP und KOP umschalten zu können. Die Klammersetzung in AWL folgt außerdem Regeln, die bestimmen, in welcher Reihenfolge das Programm abgearbeitet wird.

```
⊟ Netzwerk 16: HM MTS Ein nach Arbeitspause...
      ON    "E4.6"             E4.6         -- TSM1 Betriebsart Automatik
      O(
      U     "E4.6"             E4.6         -- TSM1 Betriebsart Automatik
      UN    M      29.3
      L     S5T#1M30S
      SE    "T8"               T8           -- Zeitverz.Arbeitszeit
      U     M     300.0
      R     "T8"               T8           -- Zeitverz.Arbeitszeit
      NOP   0
      NOP   0
      U     "T8"               T8           -- Zeitverz.Arbeitszeit
      )
      =     "M10.3"            M10.3        -- HM MTS Ein nach Arbeitspause
```

Bild 5.5 *Simatic Manager, AWL-Programm*

In Bild 5.6 ist das AWL-Programmbeispiel umgeschaltet worden in die Ansicht zu FUP. Die Fehlersuche im Funktionsplan ist übersichtlicher als in AWL, da sich beim Online-Beobachten die grafische Darstellung farblich ändert (siehe Abschnitt 5.4 zum Online/Offline-Vergleich).

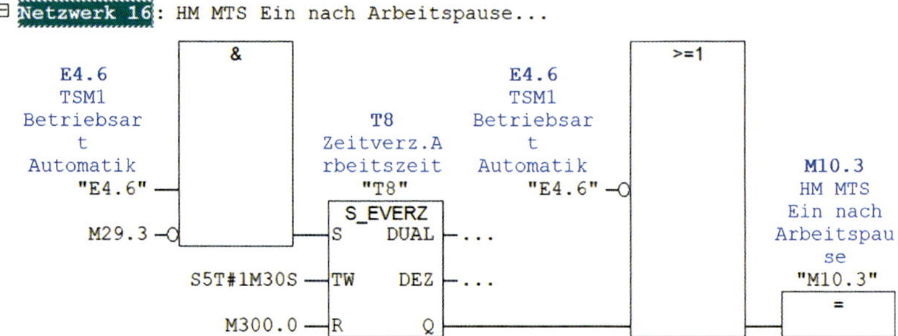

Bild 5.6 *Simatic Manager, FUP-Programm*

Die Programmiersprache KOP ähnelt sehr dem Schaltplan einer Anlage und wird von links nach rechts gelesen. Genau wie in FUP ändert sich auch hier beim Online-Beobachten die Farbe der Grafik.

```
⊟ Netzwerk 16: HM MTS Ein nach Arbeitspause...

  E4.6                                                      M10.3
  TSM1                                                      HM MTS
  Betriebsar                                                Ein nach
  t                                                         Arbeitspau
  Automatik                                                 se
  "E4.6"                                                    "M10.3"
 ---|/|----------------------------------------------+--------( )---
                                                     |
  E4.6                                               |
  TSM1                           T8                  |
  Betriebsar                     Zeitverz.A          |
  t                              rbeitszeit          |
  Automatik                      "T8"                |
  "E4.6"          M29.3        +---------+           |
 ---| |-------------|/|--------|S S_EVERZ Q|----------+
                               |         |
                 S5T#1M30S ----|TW   DUAL|- ...
                               |         |
                    M300.0 ----|R     DEZ|- ...
                               +---------+
```

Bild 5.7 *Simatic Manager, KOP-Programm*

5.3 Verwendete Hardware

5.3.1 Hardwarekonfiguration

Ein Blick in die Hardwarekonfiguration auf dem Programmiergerät verschafft einen ersten Eindruck der gesamten Hardware in der Anlage. Weitere Informationen bietet ein Vergleich mit der Hardwarekonfiguration im Schaltschrank. Zusätzlich können die Bestellnummern auf den Baugruppen mit dem Projekt abgeglichen werden.

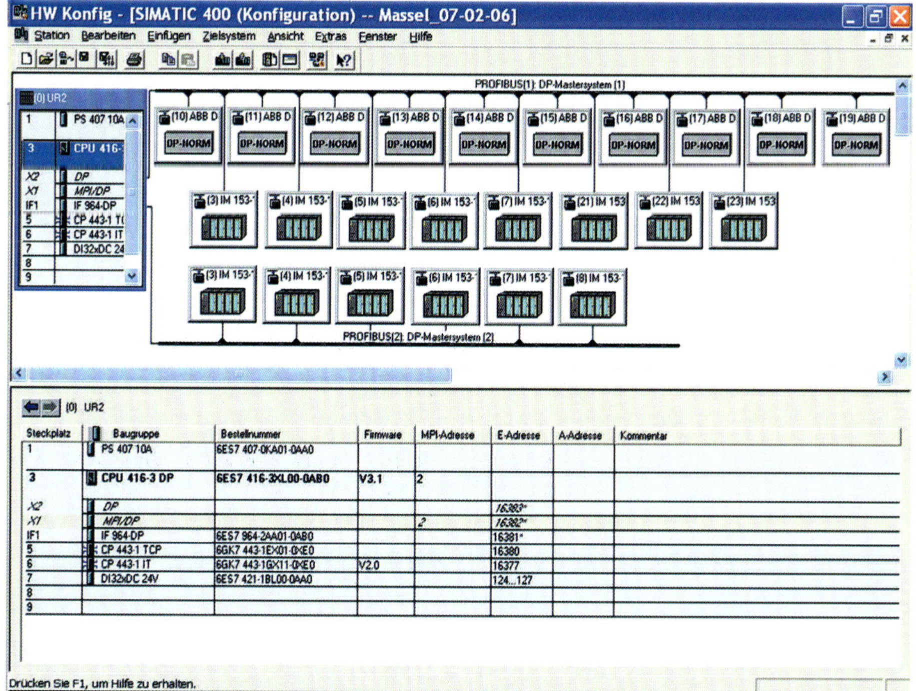

Bild 5.8 *Hardwarekonfiguration*

5.3.2 Fehler in der Hardwarekonfiguration

Während der Onlineverbindung erkennt das Programm mögliche Fehler in der Hardwarekonfiguration. Im STEP7-Übersichtsbaum wird dies mit einem kleinen roten Kreuz an den fehlerhaften Hardwarekomponenten dargestellt. In Bild 5.9 erkennte das Programm beispielsweise einen möglichen Fehler in der CPU 315 2 PN/DP.

K1_K2_KTP600_leeren -- C:\Schulung\K1_K2__1 ONLINE

- K1_K2_KTP600_leeren
  - SIMATIC 315-2-Station
  - SIMATIC HMI-Station

Objektname	Symbolischer Name	Typ	Größe	Autor	Änderungsdatum
Hardware	---	Stationskonfiguration	---		26.01.2024 09:07:10
CPU 315-2 PN/DP	---	CPU	---		05.05.2023 08:24:23
G120_CU240E_2_...	---	SINAMICS	---		26.01.2024 08:08:07
G120xCU240Ex2	---	SINAMICS	---		26.01.2024 09:06:36
MICROMASTER_4...	---	MICROMASTER_4_P...	---		26.01.2024 08:13:29

Bild 5.9 *Fehlerhafte Hardware*

Wird bei fehlerhafter Hardware die Hardwarekonfiguration geöffnet, ist zu sehen, wo genau der Fehler in der Konfiguration ist. In Bild 5.10 ist die Eingangsbaugruppe DI16xDC24V mit einem roten Balken gekennzeichnet. Diese Baugruppe ist also entweder nicht vorhanden oder hat eine Störung. Genau wie bei der Eingangsbaugruppe sind auch die nicht erreichbaren Teilnehmer im PROFINET- oder PROFIBUS-System mit einem roten Balken durchgestrichen.

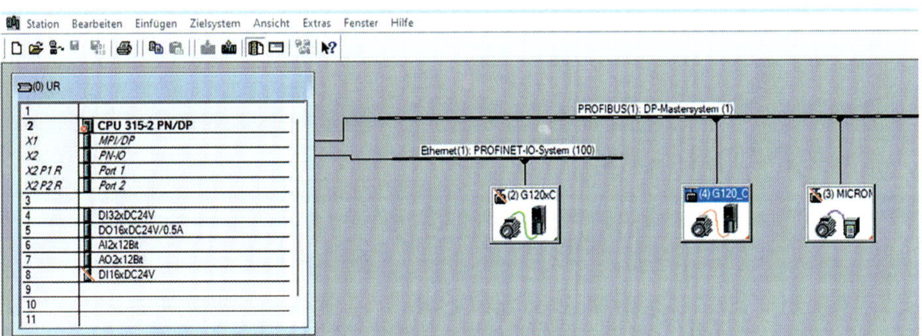

Bild 5.10 *Fehlerhafte Hardware im Netz*

5.3.3 Eingesetztes I/O-Bussystem

In Bild 5.11 sind drei Bussysteme zu sehen. Die Geräte sind untereinander über das Industrial Ethernet verbunden. Die anderen beiden Bussysteme liegen zur Benutzung bereit oder werden von Geräten benutzt, die hier nicht dargestellt werden. Ein Gerät kann mit mehreren Bussystemen gleichzeitig verbunden sein. Bei der Simatic 300 wäre zusätzlich eine Verbindung über die MPI/DP-Schnittstelle möglich.

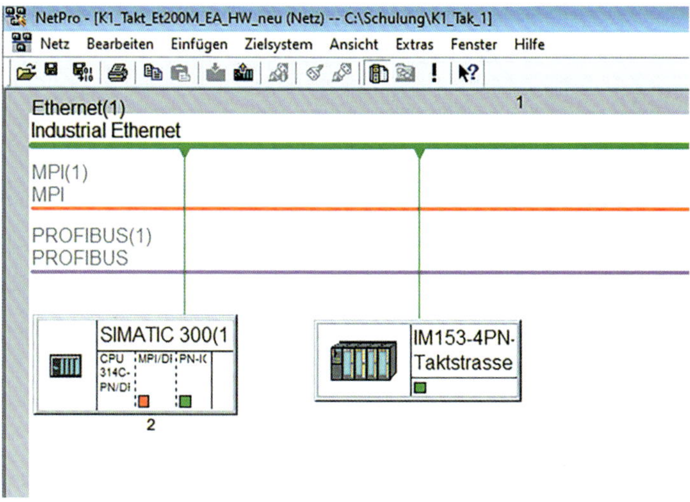

Bild 5.11 *NetPro: eingesetztes Bussystem*

5.3.4 Erreichbare Teilnehmer

Im Simatic Manager ist die Suche nach Online-Teilnehmern die Basis der Fehlersuche. Ohne Onlinezugang sind die Möglichkeiten der Fehlersuche und -beseitigung stark eingeschränkt.

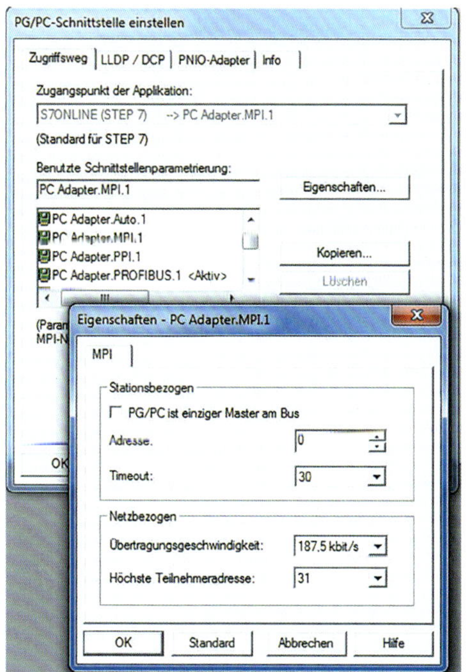

Bild 5.12
PG/PC-Schnittstelle einstellen mit MPI-Adapter

Um erreichbare Teilnehmer zu finden, muss im Simatic Manager die Schnittstelle im Menüpunkt *Extras → PG/PC Schnittstelle einstellen* passend zur Netzkonfiguration eingestellt werden. Unter *Zielsystem → Erreichbare Teilnehmer anzeigen* startet das Programmiergerät einen Rundruf im Netz. Je nach Schnittstellentyp können auch andere Teilnehmer angezeigt werden, auch wenn sie weder in NetPro (einem Programm zur Projektierung von Netzwerkverbindungen) noch in der HW-Konfiguration sichtbar sind. In der Ethernet-Schnittstelle können das zum Beispiel andere Engineering-PCs sein, die mit der IP-Adresse im selben Band hängen.

In Bild 5.13 wird in der PG/PC Schnittstelle eine PROFINET-Verbindung eingerichtet. Teilweise werden nicht alle wesentlichen Informationen dargestellt, daher muss man den Slider nach rechts schieben, um die Unterschiede in den einzelnen Netzwerkschnittstellen anzuzeigen

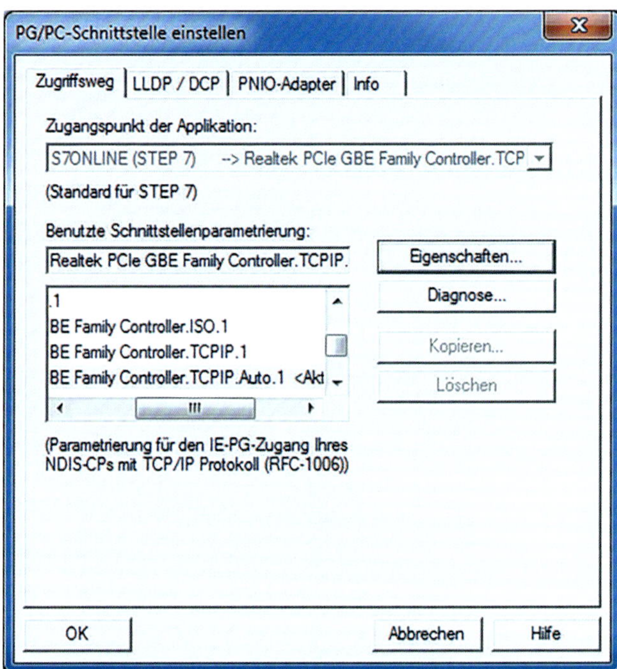

Bild 5.13 *Einstellung Ethernet-Verbindung*

Um eine CPU im STEP7 Manager zu simulieren, muss die PG/PC-Schnittstelle auf PLCSIM eingestellt werden. Wichtig ist, dass das PLCSIM-Softwarepaket mit installiert ist.

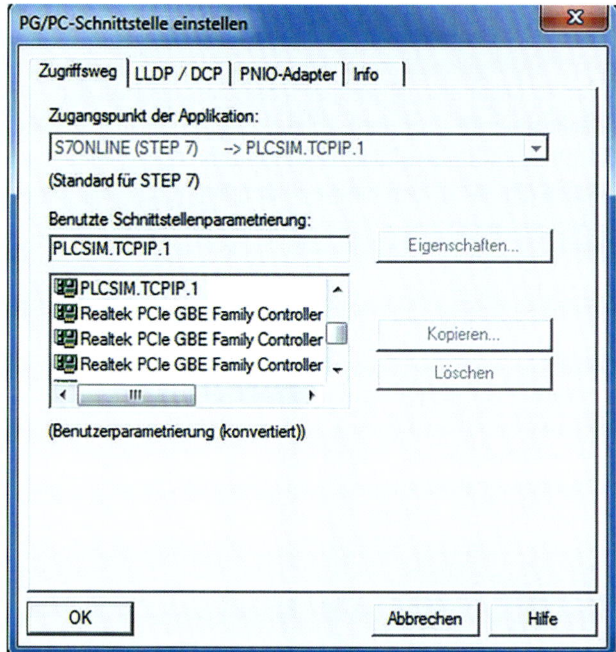

Bild 5.14 *Einstellung PLCSIM-Verbindung*

Für den Zugriff auf die SPS ist der Onlinezugang zwingend erforderlich. Mit den aktuellen Einstellungen werden die erreichbaren Teilnehmer aufgerufen. Über ein entsprechendes Koppelkabel MPI/DP oder Netzwerk, das mit der CPU verbunden ist, kann das Programmiergerät mit der CPU online verbunden werden. In der Online-Anzeige wird in der Regel die gesuchte SPS angezeigt. Sollte dies nicht der Fall sein, sollte unter *Extras → Einstellungen → PG/PC-Schnittstelle* ein anderer Zugang zur SPS gewählt werden. Anschließend ruft man die erreichbaren Teilnehmer erneut auf.

In PROFINET gibt es eine automatische Geschwindigkeitsanpassung, nicht jedoch z. B. bei PROFIBUS. Falls im PROBIBUS keine erreichbaren Teilnehmer angezeigt werden, muss in den Schnittstelleneinstellungen eine andere Geschwindigkeit ausgewählt werden.

In Bild 5.15 sind über die Suche nach erreichbaren Teilnehmern drei PROFIBUS-Verbindungen abgebildet. Die erste Verbindung zur CPU 315-2 PN/DP weist im Bereich *Zustand* einen Fehler auf. Die anderen beiden Verbindungen sind laut Zustand-Meldung OK.

Erreichbare Teilnehmer -- PROFIBUS

Erreichbare Teilnehmer

Objektname	Rack/Slot	Zustand	Baugruppentyp	Stationsname	CPU-Name
PROFIBUS = 2 (di...	0/2	Fehler	CPU 315-2 PN/DP	SIMATIC 315-2-Stati...	CPU 315-2 PN/DP
PROFIBUS = 4 (p	-/-	OK	SINAMICS		
PROFIBUS = 0 (p...	-/-	OK			

Bild 5.15 *Online-Suche nach erreichbaren Teilnehmern*

5.4 Online- und Offline-Programmvergleich

Vor Beginn einer Fehlersuche sollte ein Vergleich zwischen dem auf dem Programmiergerät vorhandenen SPS-Programm und dem online-Programm auf der CPU durchgeführt werden. Bei Gleichheit wird das offline SPS-Programm unter einem aktuellen Datum archiviert. Damit ist gewährleistet, dass bei eventuell durchgeführten Programmänderungen der letzte Stand wieder hergestellt werden kann.

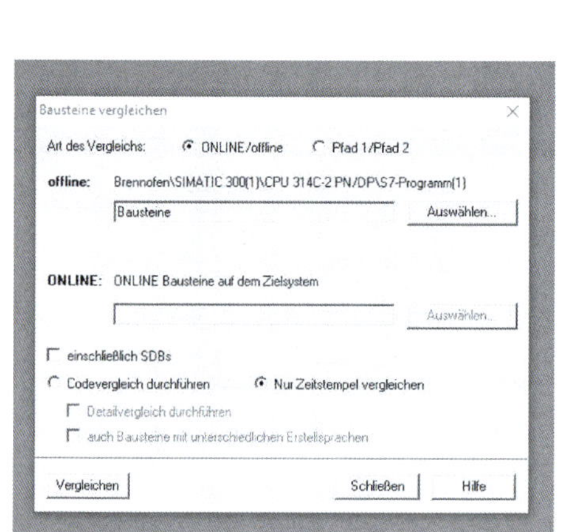

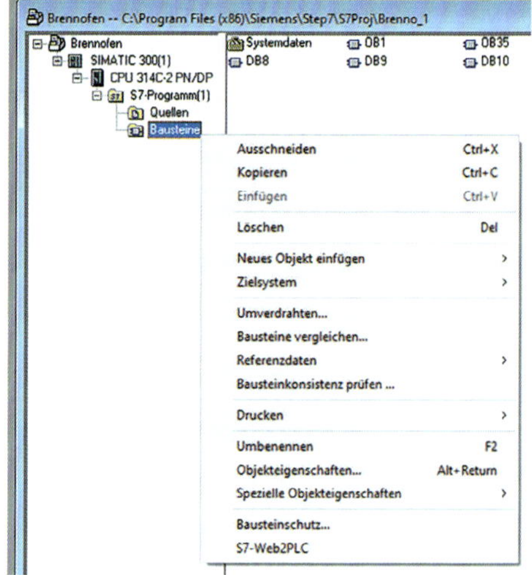

Bild 5.16 *Bausteine vergleichen*

5.4.1 Bausteine vergleichen

Zuerst wird im Dialog erfragt, ob ein Vergleich mit der Online-Programmversion oder zwischen zwei Projekten offline erfolgen soll. Für den Offlinepfad steht ein Auswahlfenster offen. Im zweiten Schritt wird ein Code- oder alleiniger Zeitstempelvergleich vom Nutzer abgefragt. Mit Anklicken von Vergleichen wird die Aktion ausgeführt.

Beim Codevergleich Offline–Online werden zwei Netzwerke nebeneinandergestellt. Wenn ein Unterschied im geschriebenen Programm existiert, wird dies im Vergleich dargestellt (siehe die Bilder 5.17 bis 5.19).

Grundsätzlich werden beim Programmvergleich Bausteine (FC, FB, DB und OB) hinsichtlich ihrer Größe und des Zeitstempels der letzten Änderung miteinander verglichen. Bei Gleichheit von Größe und Zeitstempel eines Bausteins ist ein Codevergleich nicht mehr erforderlich. Trotz gleichen Codes kann ein Unterschied im Zeitstempel erkannt worden sein. Mit dem Einspielen des wiederhergestellten Programmcodes bekommt dieser einen neueren Zeitstempel in der CPU. Verlässt man dann den Simatic Manager ohne Speichern, so enthält dieser den originalen Programmcode, allerdings mit altem Zeitstempel.

In den Bildern 5.17 bis 5.19 wird der Offline-Programmcode des Bausteins FC5 mit dem Online-FC5 verglichen.

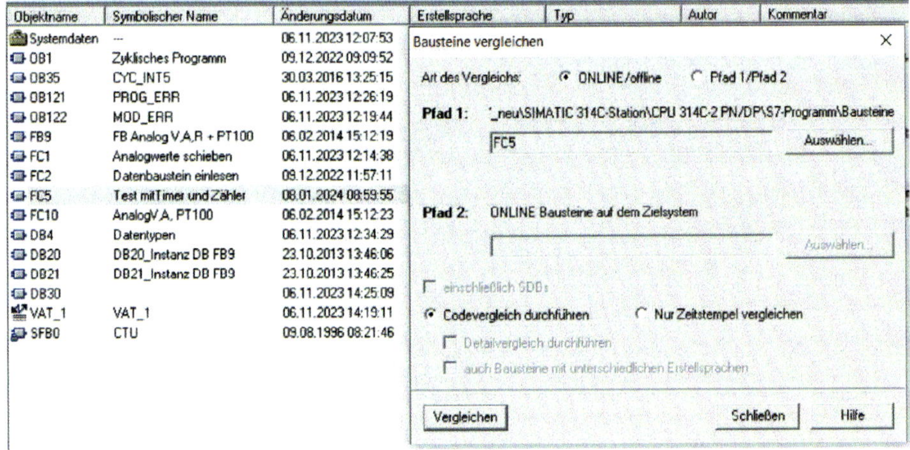

Bild 5.17 *Baustein FC5 vergleichen*

Hierbei stellt der Simatic Manager fest, dass der Offline-Baustein (Pfad 1) eine neuere Version beinhaltet als der Online-Baustein.

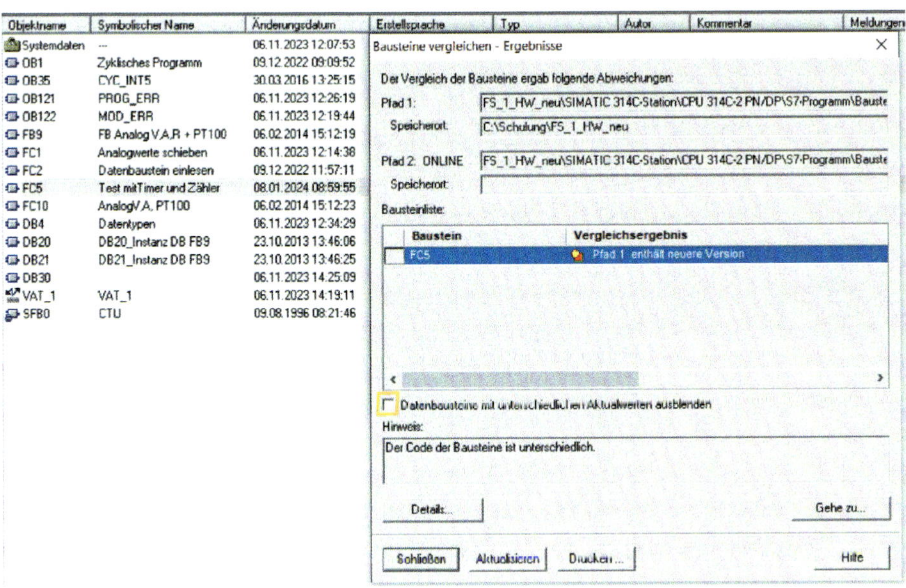

Bild 5.18 *Ergebnisse Bausteinvergleich*

Wenn mehrere Bausteine gleichzeitig verglichen werden, sollte der Haken bei *Datenbausteine mit unterschiedlichen Aktualwerten ausblenden* gesetzt werden. Denn die aktuellen Werte können zum Beispiel die Ist-Temperatur oder Druckwerte sein, die sich im laufenden Betrieb ständig ändern.

Mit dem Befehl *Gehe zu* werden die zwei Vergleichsbausteine nebeneinandergestellt und farblich unterschieden, sodass man schnell die verschiedenen Programmiervarianten erkennen kann.

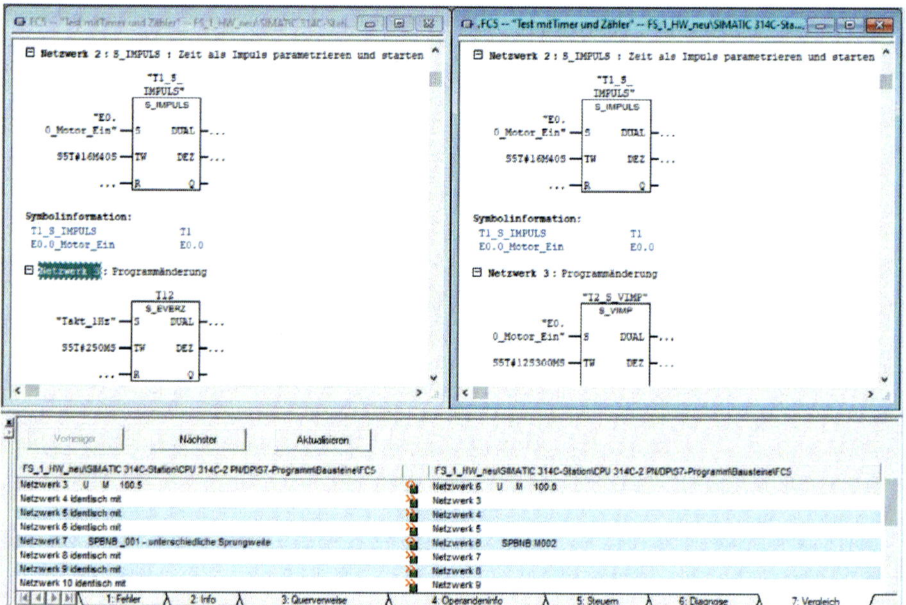

Bild 5.19 *Bausteinvergleich FC5 Online und Offline*

Hier im Programmbeispiel gibt es einen Unterschied zwischen dem Offline- und Online-Netzwerk 3. Der Netzwerkname ist identisch. Der Bausteintyp ist im Offline-Projekt ein S_EVERZ mit dem Variablen-Namen T12. Im Online-Netzwerk ist ein S_VIMP Baustein mit der Variablen T2_S_VIMP eingesetzt.

5.5 Programmsicherung durchführen

Bei Programmgleichheit empfiehlt es sich, die aktuelle Version zunächst mit der Option *Speichern unter* zu sichern und ihr einen sinnvollen Namen mit Datum und Uhrzeit zuzuweisen. Wenn Unterschiede im Code vorhanden sind, gibt es zwei Ansätze: Entweder wird die Onlineversion auf das Programmiergerät übertragen oder die Version auf dem Programmiergerät wird schrittweise an die Onlineversion angepasst.

Im Simatic Manager gibt es die Option *Zielsystem → Station laden in PG*, um den aktuellen Programmstand auf das Programmiergerät zu übertragen (Bild 5.20).

Auf dem Programmiergerät taucht der AG-Abzug mit einer angehängten 1 auf, da es keine zwei Stationen mit demselben Namen in einem Projekt geben kann (Bild 5.21).

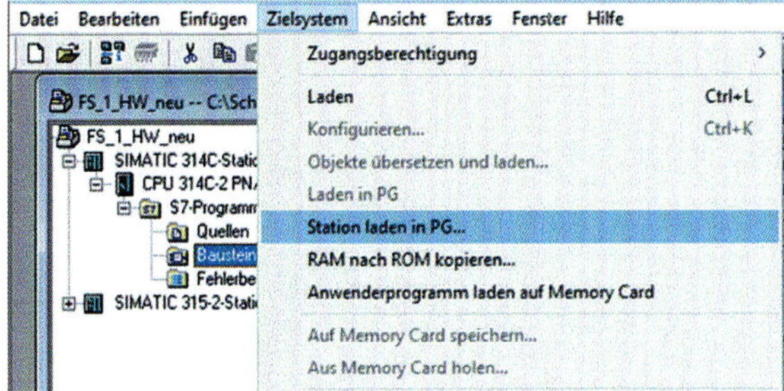

Bild 5.20
Station laden in PG

Bild 5.21
Ergebnis von Station laden in PG

Es ist wichtig zu beachten, dass der Online-Abzug keine Symbole, Netzwerkbezeichnungen und Kommentare enthält.

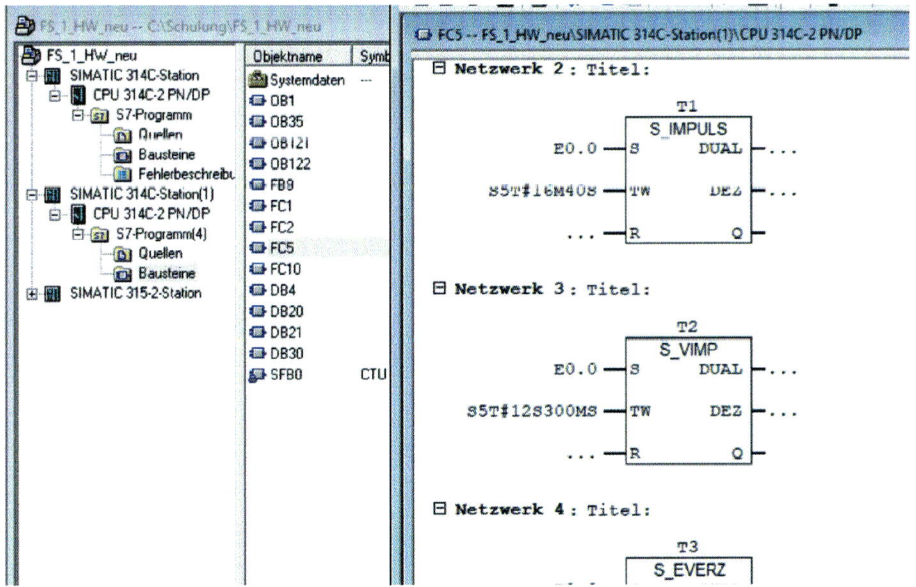

Bild 5.22 *Online-Abzug ohne Symbolik*

Mit dem Herunterladen des Online-Programms der CPU sind auch alle aktuellen Daten der im Programm verwendeten Datenbausteine gesichert. Es sollte nach dem Herunterladen eine Archivierung durchgeführt werden. Durch die Archivierung wird eine Sicherungskopie der Programmversion erstellt, welche auch nicht unabsichtlich verändert werden kann. Wenn durchgeführte Programmoptimierungen nicht die gewünschte Wirkung zeigen, kann durch das Dearchivieren des Archive Programms der ursprüngliche Zustand mit allen Daten und Einstellungen zum Zeitpunkt der Archivierung wiederhergestellt werden.

Neben der Offline-Datensicherung kann man im Online-Zustand ebenso eine Datensicherung in das aktuelle Projekt vornehmen. Unter *Zielsystem → Laden in PG* wird der aktuelle Offline-Stand mit dem Online-Stand überschrieben. Das Problem dabei ist, dass auch hier die Symbole, Netzwerkbezeichnungen und Kommentare nicht mit übertragen werden. Ein neues Projekt wird nicht erzeugt, im Gegensatz zur Offline-Datensicherung.

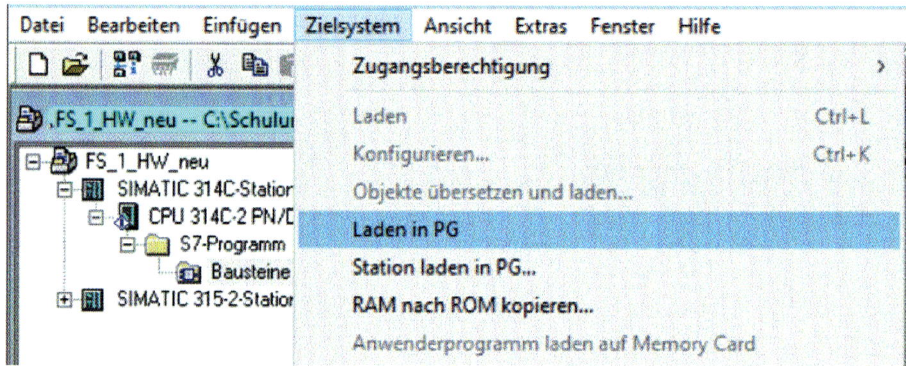

Bild 5.23 *Laden in PG*

5.6 Baugruppenzustand und Diagnosepuffer

5.6.1 Baugruppenzustand der CPU

Der Baugruppenzustand fasst verschiedene Menüpunkte zusammen. Unter *Zielsystem → Baugruppenzustand* wird der Zustand der CPU angezeigt.

Der Baugruppenzustand fasst verschiedene Menüpunkte zusammen. Im Online-Beobachtungsmodus wird zum Beispiel die tatsächlich eingebaute Hardware mit Status Anzeige, CPU-Speicher, Zykluszeit, Kommunikation usw. angezeigt.

Im Menü *Speicher* kann man die aktuelle Belegung des Speichers überprüfen. Sollte die Speichergröße nicht reichen, so kann man über einen Tausch der CPU nachdenken, gerne auch auf eine S7-1200 oder S7-1500, verbunden mit einem Wechsel ins TIA-Portal.

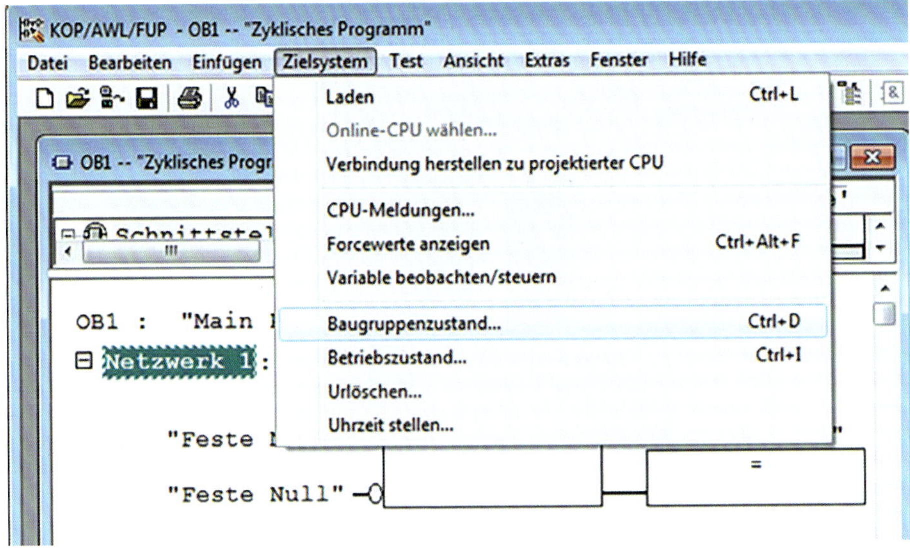

Bild 5.24 *Baugruppenzustand der CPU*

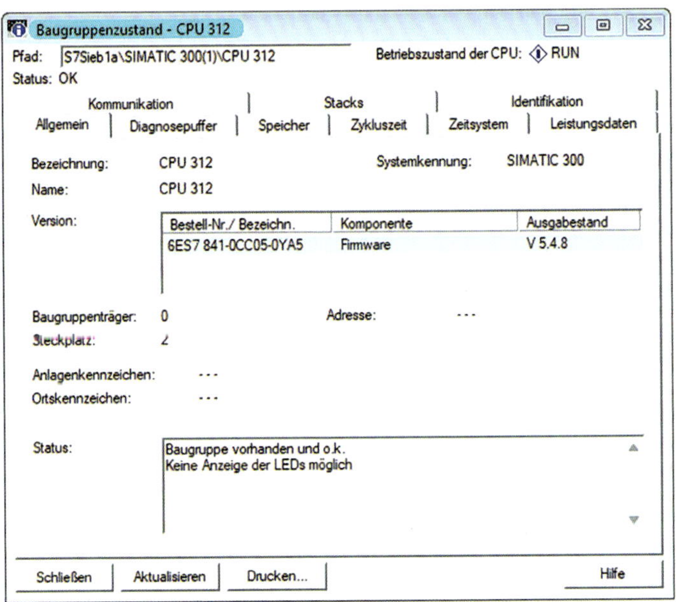

Bild 5.25 *Baugruppenzustand Online*

Die Zykluszeit wird überwacht, als Standardeinstellung dienen 150 ms, davon kann aber abgewichen werden. Bei Überschreitung der eingestellten Zykluszeit stoppt die CPU. Die Dauer für die Abarbeitung hängt einerseits vom Programmcode ab, aber auch von Fehlern, die einen Aufruf aktivierter Fehler-OB zur Folge haben (siehe Abschnitt 5.7). Nähere Infos liefert der Diagnosepuffer.

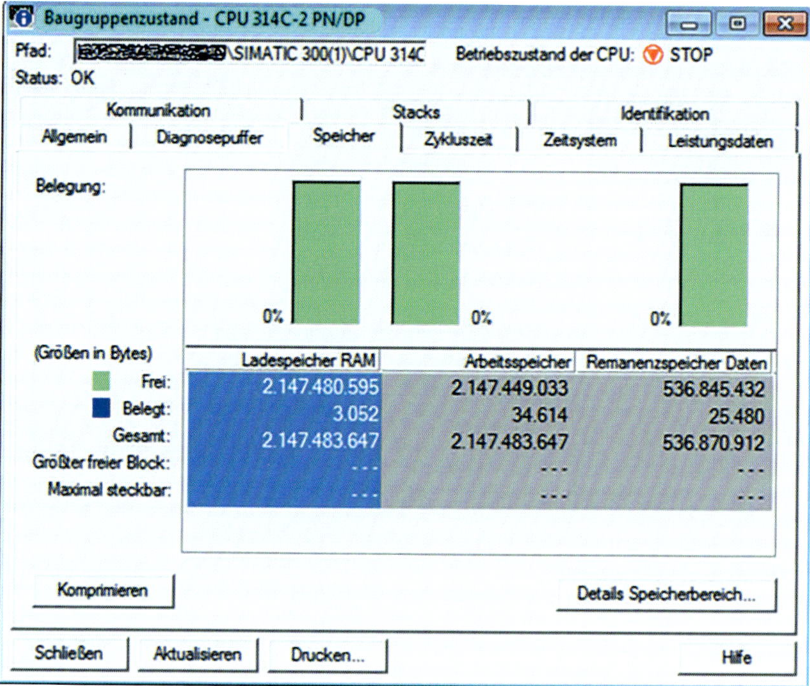

Bild 5.26 *Baugruppenzustand Speicher*

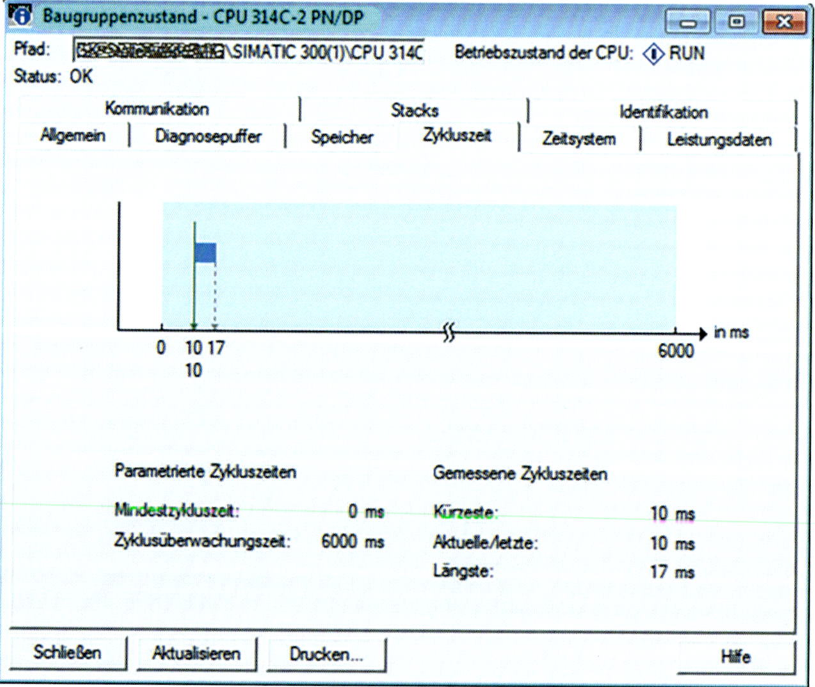

Bild 5.27 *Baugruppenzustand Zykluszeit*

5.6.2 Diagnosepuffer der CPU

Dreh- und Angelpunkt der Fehlersuche ist der Diagnosepuffer der CPU. Hier werden in Stichworten die wesentlichen Merkmale der CPU-Störungen mit einem Zeitstempel abgelegt, nähere Informationen finden sich unter den Details zum Ereignis.

Wie leider oft zu beobachten, ist in Bild 5.28 die Uhrzeit der CPU nicht aktualisiert, man muss also ein wenig rechnen, um den Zeitpunkt der Störung korrekt zu bestimmen.

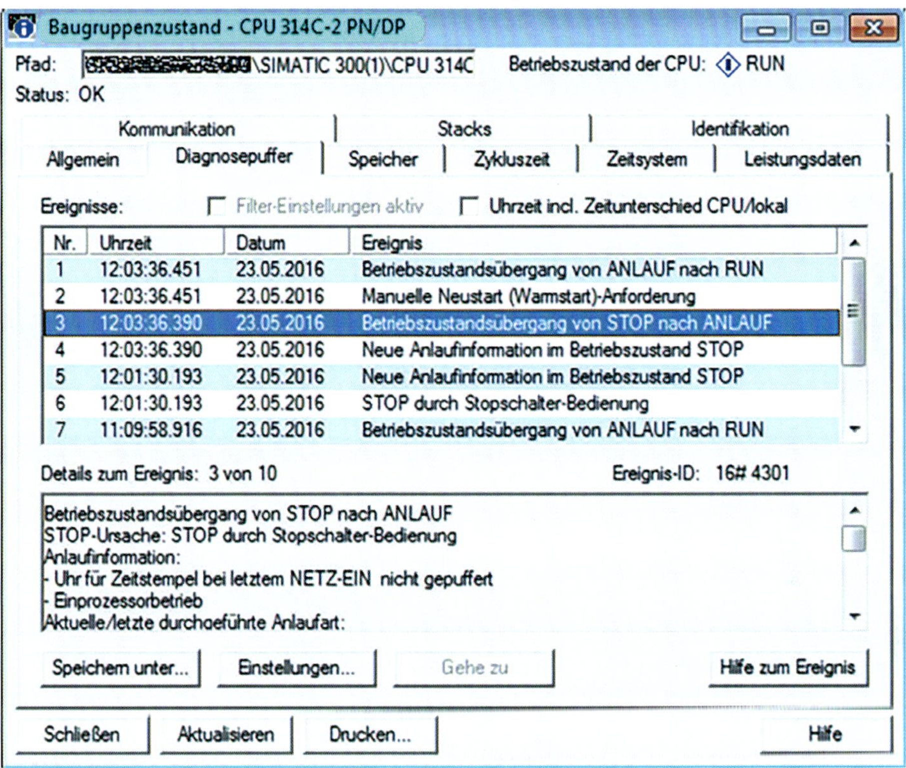

Bild 5.28 *Baugruppenzustand Diagnosepuffer*

Bei einem ungeplanten Stopp der CPU wird eine Fehler-LED angesteuert. Über die Ursachen des Stopps findet man Hinweise im Diagnosepuffer der CPU, sofern die Meldungen dorthin abgesetzt werden. Das Absetzen der Meldungen und die Größe des Diagnosepuffers werden in den Einstellungen der CPU vorgenommen. Zum Auslesen des Diagnosepuffers ist eine Online-Verbindung zur CPU erforderlich.

Ein weiterer Weg, um die Diagnose zu öffnen, ist über Zielsystem → *Diagnose/Einstellungen* → *Hardware diagnostizieren* (Bild 5.29).

Die Schnellansicht (Bild 5.30) liefert nur wenige Informationen über den Zustand der CPU. Mit *Station online öffnen* kommt man deutlich weiter.

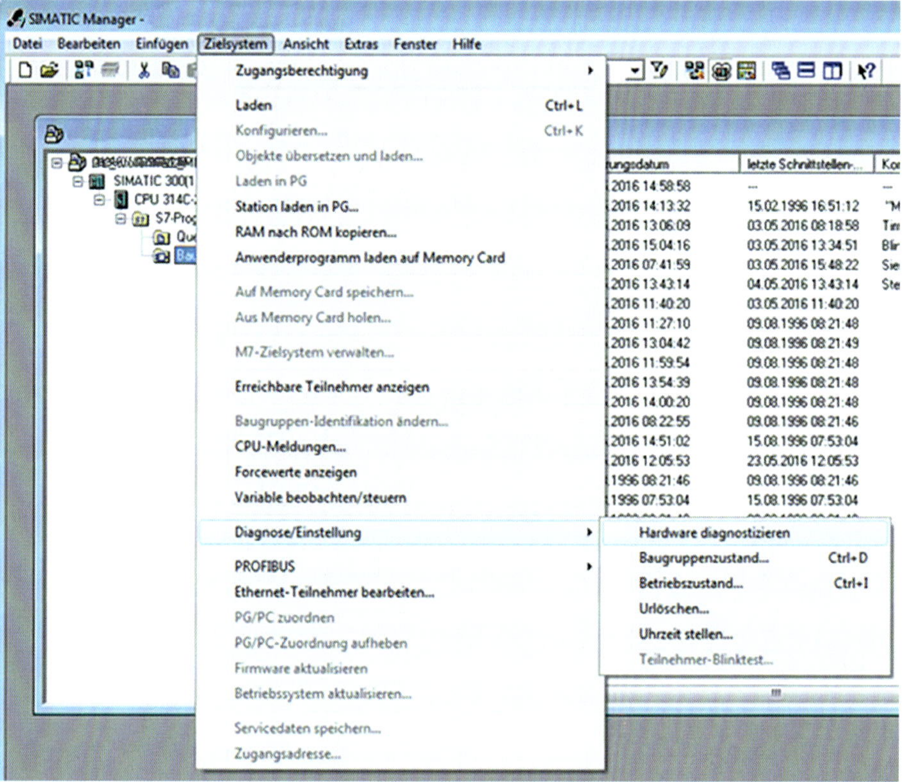

Bild 5.29 Hardware-Diagnose

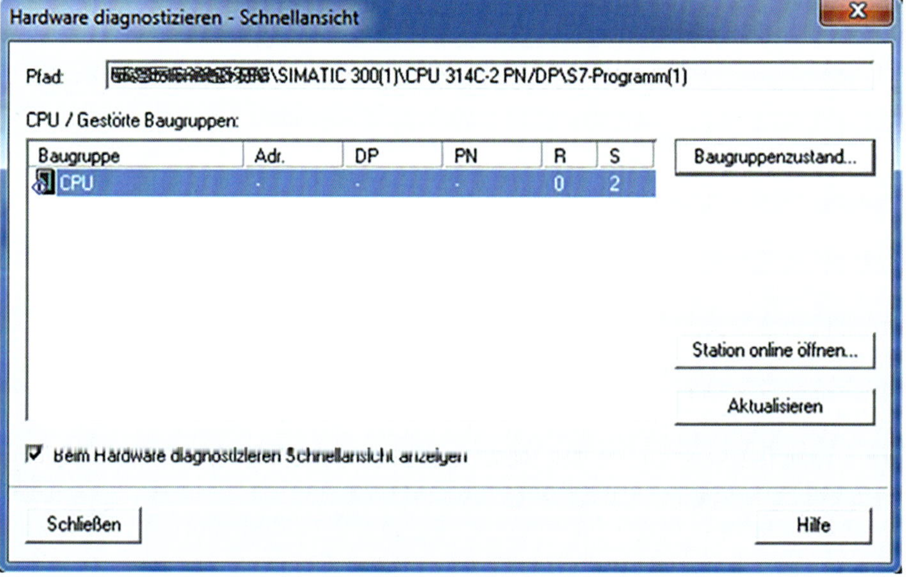

Bild 5.30 Hardware Diagnose Schnellansicht

Mit einem Klick auf *Station online öffnen* wird die Hardwarekonfiguration der CPU angezeigt (Bild 5.31). Hier muss jetzt der Unterschied zwischen den tatsächlich eingebauten Hardware-Komponenten und dem offline-Projekt untersucht werden. Zusätzlich müssen die Bestellnummern und die Ein- und Ausgangsadressen der Baugruppen überprüft werden.

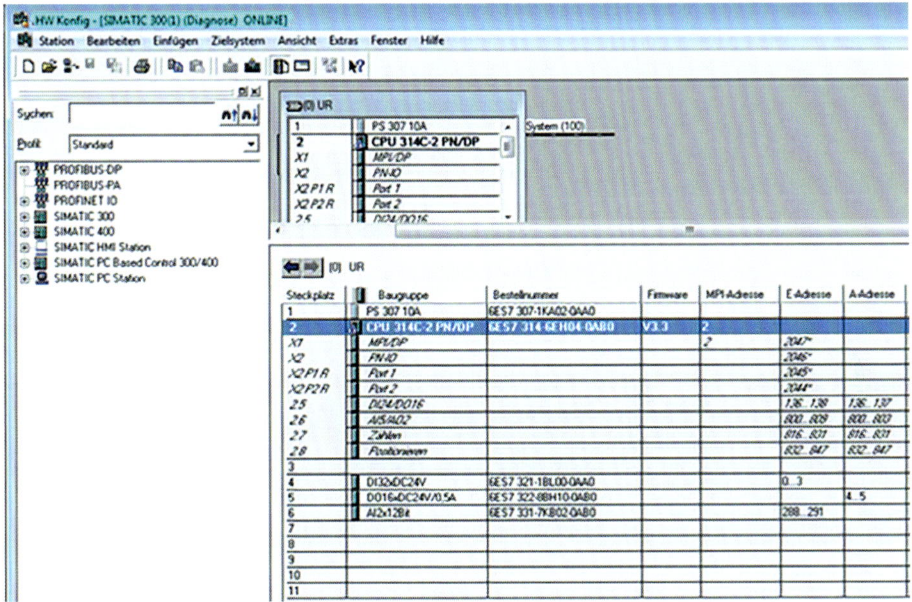

Bild 5.31 *Online Hardware-Diagnose*

5.7 Fehler-OB im Simatic Manager

Für bestimmte Fehlerszenarien existieren Fehler-OB (Organisationsbausteine), die separat aufgerufen werden können. Die OB kann man zusätzlich mit Programmanweisungen versehen, um bei Auftreten des Fehlers entsprechend reagieren zu können.

Es gibt zwei verschiedene Fehler-Typen:

- asynchrone Fehler: können in ihrem Auftreten nicht dem Programmablauf zugeordnet werden,
- synchrone Fehler: können konkret mit einer bestimmten Programmanweisung zusammenhängen.

Tabelle 5.1 zeigt die Fehler-OB im STEP7-Manager. Weitere Informationen befinden sich in der Programmhilfe, die zum Beispiel mit F1 aufgerufen werden kann.

Tabelle 5.1 *Fehlertypen*

Fehlertyp	Erläuterung	Fehler-OB
Zykluszeit	maximale Zykluszeit überschritten	OB 80
Stromversorgung	Ausfall/Unterspannung Pufferbatterie	OB 81
Diagnosealarm	Drahtbruch am Eingang einer diagnosefähigen Baugruppe	OB 82
Baugruppe Ziehen/Stecken-Alarm	Ziehen/Stecken einer Baugruppe	OB 83
CPU-Hardware	Fehler Schnittstelle zum MPI-Netz, zum internen Bus oder zu Baugruppen der dezentralen Peripherie	OB 84
Programablauf	Startanforderung für einen fehlenden OP oder defekte Baugruppe	OB 85
Baugruppenträger	Ausfall des Baugruppenträgers – nur S7-400	OB 86
Kommunikation	falsche Telegrammerkennung	OB 87
Programmierfehler	verschiedene Ursachen	OB 121
Zugriffsfehler	Zugriff auf nicht verfügbare Adressen oder Datenbausteinelemente	OB 122

Durch Aufruf dieser OB wird der Fehler zwar nicht verhindert, die CPU geht aber deswegen nicht mehr in den STOP-Zustand.

Im Simatic Manager wird die Fehler-OB-Nummer beim Anlegen eines neuen Bausteins im Feld *Name* eingetragen. Im Fehlerfall wird der benötigte Fehler-OB im Diagnosepuffer angezeigt. Im Vorschlag aus dem Programm– hier „OB2" – muss die OB-Nummer entsprechend für den im Programm benötigten Fehler-OB angepasst werden.

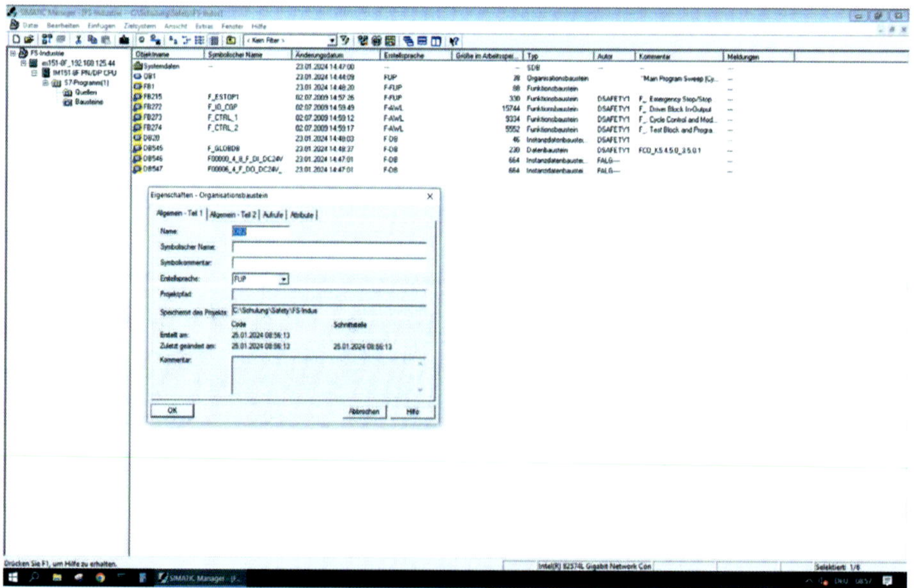

Bild 5.32 *Organisationsbausteine zur Fehlerauswertung*

Nach dem Einsetzen werden die Fehler-OB auch mit symbolischen Namen gelistet, hier „OB85" mit „OBNL_FLT" und „OB122" mit „MOD_ERR". Ein wenig mehr an Information ist im zugehörigen Kommentar hinterlegt. Zusätzliche Informationen stehen in der Programmhilfe (Taste F1). Alle sicherheitsrelevanten Bausteine sind gelb gekennzeichnet und nur in F-CPU einsetzbar.

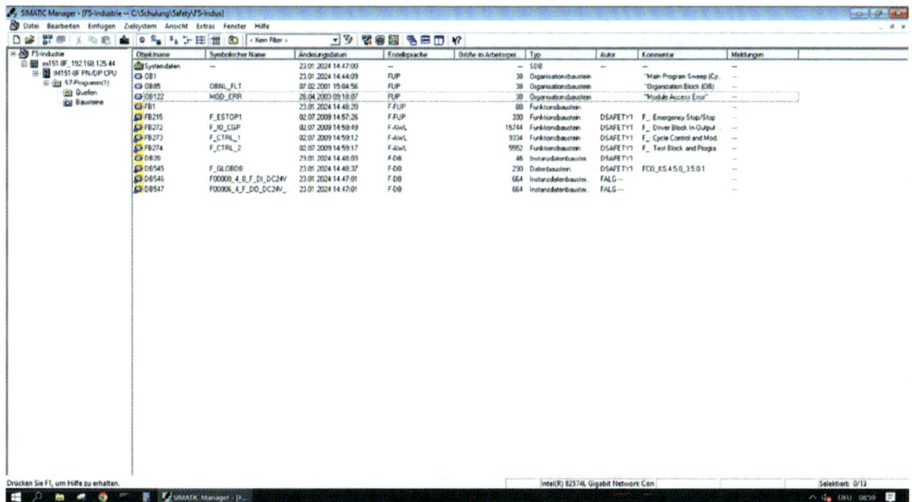

Bild 5.33 *Fehler-Organisationsbausteine*

5.8 Signalverfolgung von Variablen

5.8.1 Globale Variable über *Gehe zu* verfolgen

„Globale Variable" ist abstrakter Begriff, der sich auf die Gültigkeit des Zugriffs auf Variablen bezieht. Auf globale Variablen kann aus dem gesamten Programm zugegriffen werden, es sind Merker, Ein und Ausgänge und Variablen aus globalen Datenbausteinen. Ein komplettes Programm ausschließlich mit globalen Variablen zu versorgen, erscheint im ersten Ansatz sinnvoll. Bei Programmwiederholungen in Form von Funktionen (FC) oder Funktionsbausteinen (FB) führen darin enthaltene globale Variablen allerdings leicht zu fehlerhaftem Programmverhalten. Zur Unterscheidung gegenüber lokalen Variablen ist das erste Zeichen des Namens einer globalen Variablen ein Prozentzeichen (%).

Als Beispiel wird erläutert, wie man die Verwendungsstelle vom Ausgang A137.5 Ventil Weiss über *Gehe zu* sucht. Zur Überprüfung des Programms ist die genaue Bezeichnung der gesuchten Variablen erforderlich, als absolute Adresse oder mittels Symbolnamen.

S7-Programm(7) (Symbole) -- FT_F-Sort_K1_OK\SIMATIC 314C

	Status	Symbol	Adress	Datentyp
1		Motor Förderband	A 137.3	BOOL
2		Kompressor	A 137.4	BOOL
3		Ventil Weiss	A 137.5	BOOL
4		Ventil Rot	A 137.6	BOOL
5		Ventil Blau	A 137.7	BOOL
6		Parameter	DB 1	DB 1
7		DB_Sortierung_Weiss	DB 30	FB 3
8		DB_Weiss_Schieber	DB 32	FB 5

Bild 5.34 *Symboltabelle*

Über die Symboltabelle (Bild 5.34) wird der Ausgang lokalisiert und von einer beliebigen Stelle im Programm (einen Baustein öffnen) mit *Gehe zur Verwendungsstelle* verfolgt. In der Eingabemaske wird die gesuchte Variable, hier Ventil Weiss, eingetragen und die gefundenen Verwendungsstellen ausgegeben (Bild 5.35).

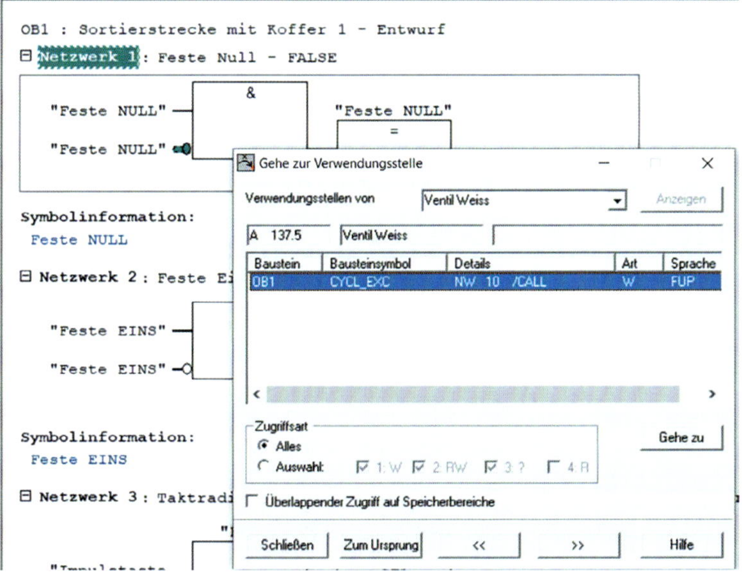

Bild 5.35 *Gehe zur Verwendungsstelle*

Mit Klick auf dem Button *Gehe zu* wird der gefundene Verweis geöffnet. Hier ist es der Organisationsbaustein OB1, Netzwerk 10 (Bild 5.46). Im Netzwerk 10 ist der gesuchte Ausgang A137.5 rechts an dem Baustein „Auswurfschieber" parametriert.

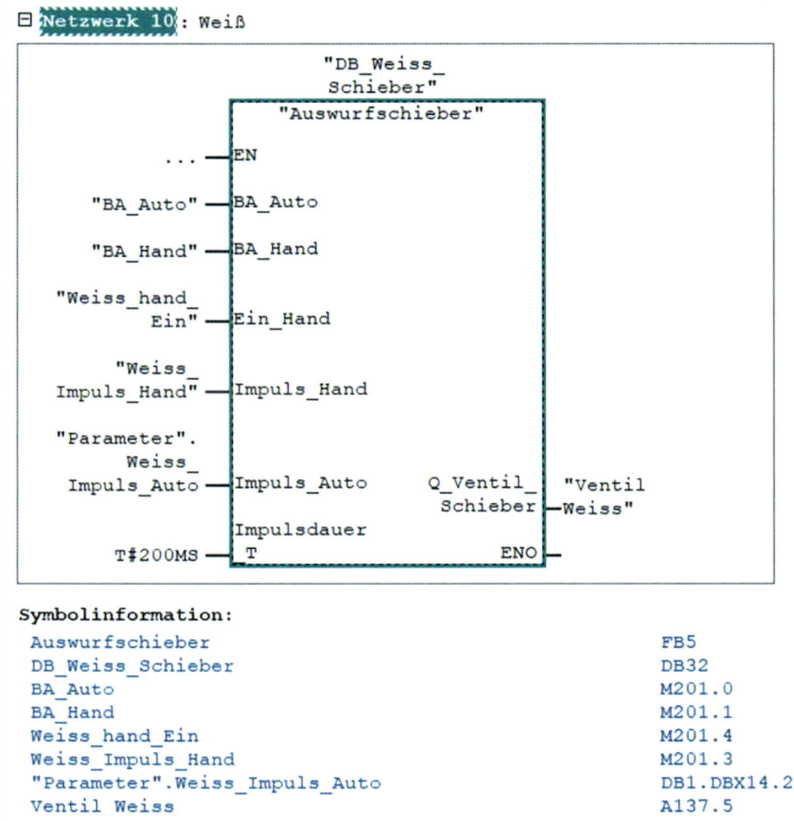

Bild 5.36 *Verwendungsstelle geöffnet*

5.8.2 Lokale Variable über *Gehe zu* verfolgen

Lokale Variablen sind Variablen, die ausschließlich lokal in Funktionen (FC), Funktionsbausteinen (FB) oder auch Organisationsbausteinen (OB) verfügbar sind. Sie werden in der Bausteinschnittstelle definiert. Zur Unterscheidung gegenüber globalen Variablen ist das erste Zeichen des Namens einer lokalen Variablen eine Raute (#). Bei einem weiteren Aufruf der FB und FC werden diese lokalen Variablen erneut benutzt. Sie können dann aber völlig andere Werte beinhalten, ohne dass es einen Konflikt mit dem vorherigen oder nachfolgenden Bausteinaufruf gibt. Nach der Abarbeitung des FC oder FB werden die Speicherplätze der darin verwendeten lokalen Variablen für andere Bausteinaufrufe freigegeben. Deswegen müssen die lokalen Variablen vor einer Abfrage im Zyklus beschrieben werden. Insgesamt ist mit lokalen Variablen in der CPU mehr Speicherplatz vorhanden, da weniger globale Variablen (z. B. Merker) verwendet werden müssen. Außerdem ist eine Unabhängigkeit der FC und FB bei mehreren Aufrufen gewährleistet. Für die Funktionsbausteine (FB) sind natürlich auch die jeweiligen Instanz-DB separat anzulegen.

Trotz des gleichen Namens innerhalb zweier FC oder FB können die betreffenden lokalen Variablen unterschiedliche Werte beinhalten. Zu den lokalen Variablen werden auch die in der Bausteinschnittstelle definierten temporären und statischen Variablen gezählt. Temporäre Variablen stehen nach der Bearbeitung des Bausteins nicht mehr zur Verfügung. Statische Variablen hingegen sind zwar nur im FB vorhanden, werden aber im Instanz-Datenbaustein gespeichert und sind so weiterverwendbar. Konstanten gibt es nur im TIA-Portal.

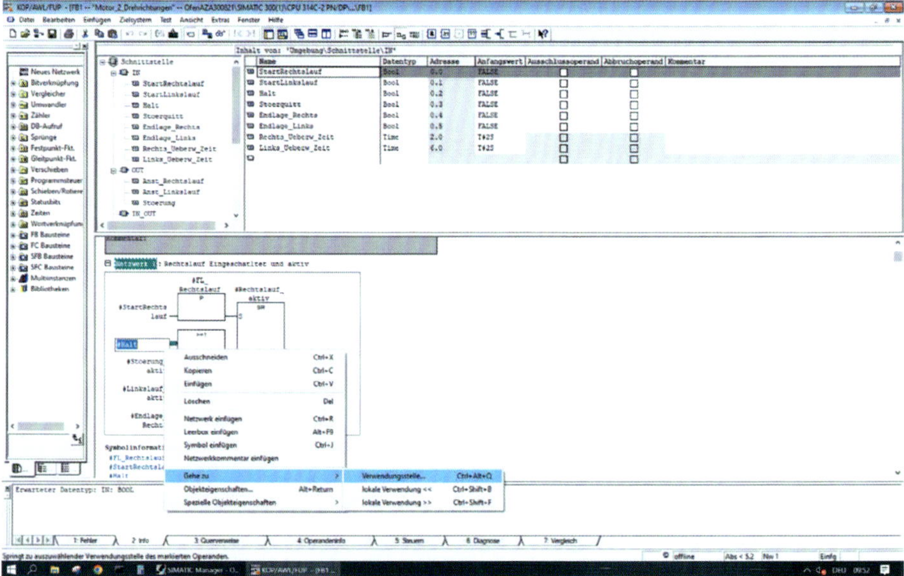

Bild 5.37 *Lokale Variable suchen über* Gehe zu

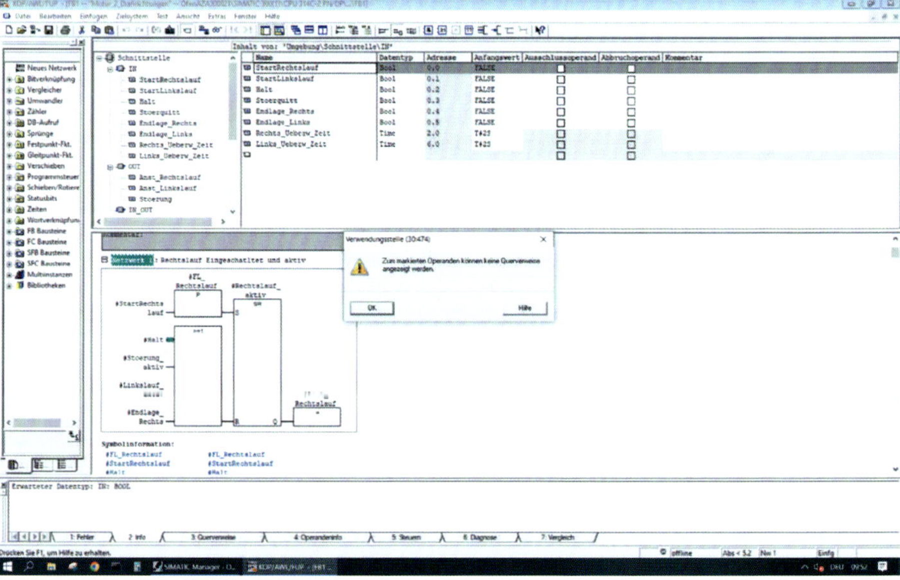

Bild 5.38 *Fehlermeldung Verwendungsstelle*

Eine lokale Variable kann nicht über *Gehe zu Verwendungsstelle* nachverfolgt werden, da sie nur in diesem einen angelegten Baustein (in Bild 5.37 FB1) existiert und auch nur da verwendet werden kann.

Bei dem Versuch, eine lokale Variable über *Gehe zu Verwendungsstelle* zu verfolgen (Bild 5.38), erscheint im STEP7-Manager die Fehlermeldung, dass zu der markierten Variable keine Querverweise angezeigt werden können.

Alternativ zu *Gehe zu Verwendungsstelle* kann in dem Baustein (hier FB1) über *Gehe zu lokale Verwendung* bis zur nächsten verwendeten Stelle in dem gleichen Baustein gesprungen werden (Bild 5.39).

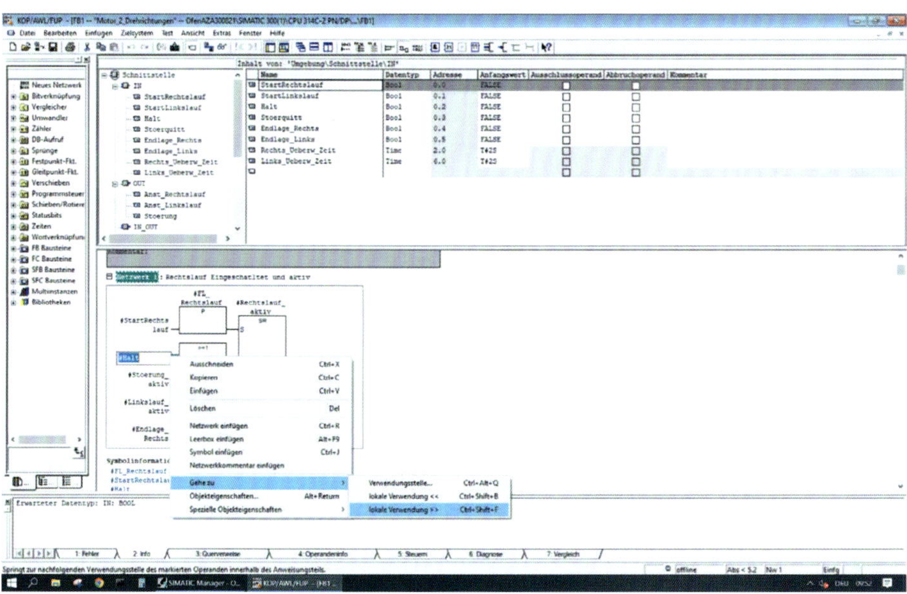

Bild 5.39 *Gehe zu lokaler Verwendung*

In Bild 5.39 wird die lokale Variable „#Halt“ im Netzwerk 1 mit Rechtsklick *Gehe zu lokale Verwendung* weiterverfolgt. Bei der nächsten lokalen Verwendungsstelle wird im Programm die gesuchte Variable markiert. In Bild 5.40 sieht man, dass dies im Netzwerk 2 an dem ODER-Baustein ist.

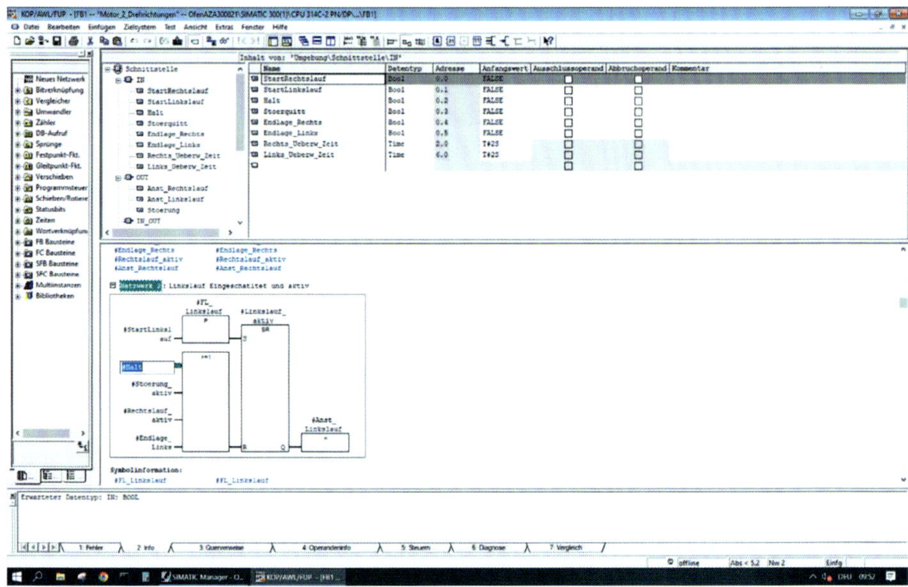

Bild 5.40 *Sprung zu lokaler Verwendungsstelle*

5.8.3 Querverweise

Die Querverweise zeigen alle Verwendungsstellen der Variablen aus einem Netzwerk in einer Listendarstellung. Die Querverweise sind in den Details vorhanden, die über *Ansicht → Details* geöffnet wird. Mit Klick auf das Pluszeichen werden weitere Informationen verfügbar. Die Spalte „Art" zeigt die Art der Verwendung: R – Lesend (Read) und W – Schreibend (Write).

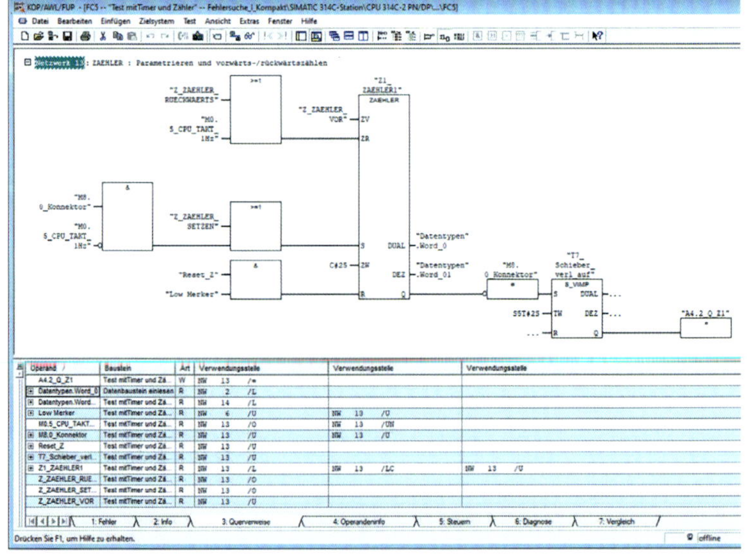

Bild 5.41 *Querverweise*

5.8.4 Variablentabelle beobachten und steuern

Das Steuern einer Variable geschieht in einer Variablentabelle. Dort muss der Anwender entscheiden, wo gesteuert und wo beobachtet werden soll. Weiterhin muss er entscheiden, ob es bei einer einmaligen Steuerung bleibt oder ob eine mehrfache Steuerung benötigt wird. Für das Beobachten und Steuern sind vorab Einstellungen vorzunehmen, die über das Icon mit Uhr und Stift aufgerufen werden. In den Einstellungen wird festgelegt, welche Variablen zum Zyklusbeginn oder -ende gesteuert und beobachtet werden und welche Trigger-Bedingung die Variablen haben. Die Eingangsvariablen werden zum Zyklusbeginn und die Ausgangsvariablen zum Zyklusende gesteuert.

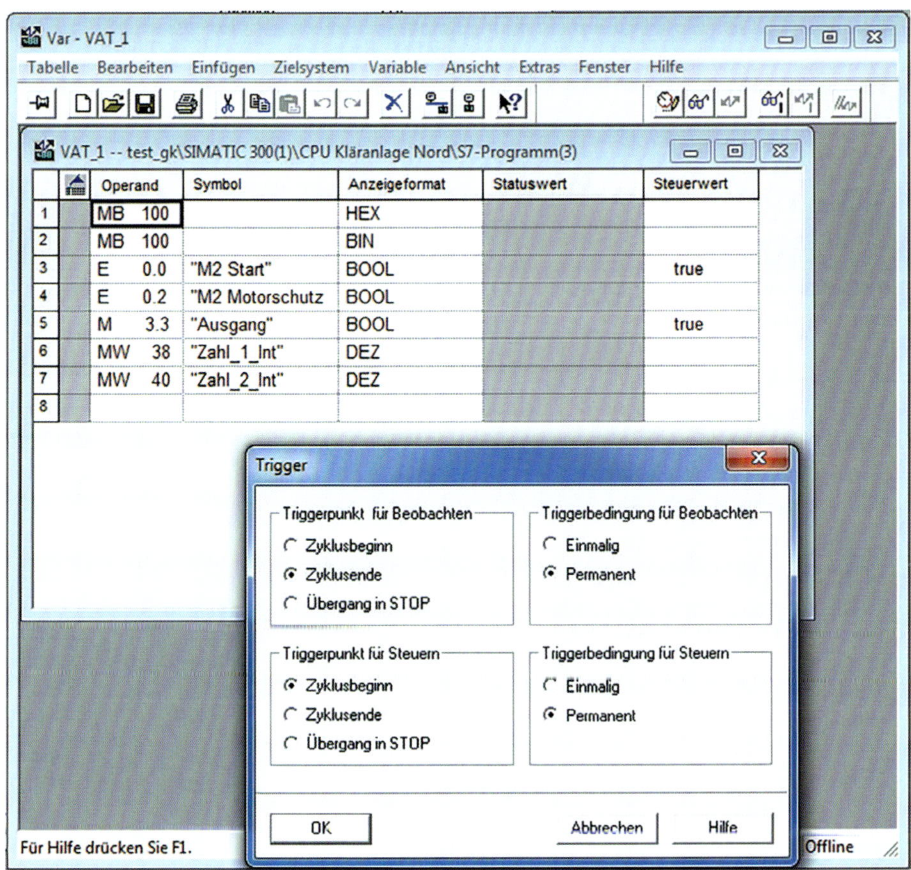

Bild 5.42 *Trigger-Einstellung für das Steuern von Variablen in einer Variablentabelle*

Nach entsprechender Konfiguration der Einstellungen für das Steuern und Beobachten („Trigger") ist im Beobachtungsmodus auch das Steuern einzelner Variablen möglich. Mit dem Button „Variable steuern" lassen sich Variablen gezielt beeinflussen.

In der Variablentabelle können alle globalen Variablen wie Ein- und Ausgänge, Merker, Timer, Zähler und Daten in Datenbausteinen beobachtet und gesteuert werden (Bild 5.43).

Vor dem Steuern werden die Variablen erst beobachtet. Dazu wird das Brillen-Icon im Variablentabellen-Fenster aktiviert. Mit aktiviertem Beobachten wird der Signalstatus der Variablen in der Variablentabelle, hier Variablentabelle 1, angezeigt. Werden die Spalteninhalte nicht vollständig angezeigt, so kann man die Spalten mit der Maus breiter ziehen.

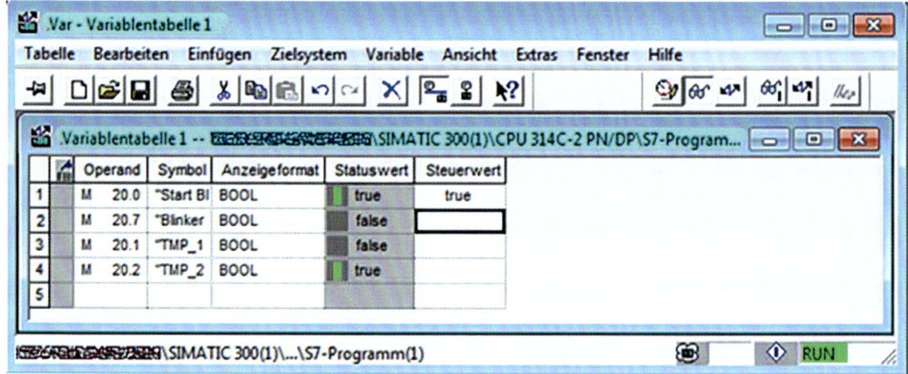

Bild 5.43 *Variablentabelle online zum Steuern und Beobachten*

Nach dem Setzen der Voreinstellungen für das Steuern wird das Steuern ausgelöst. Die Variablen ändern ihren Wert. Neben den booleschen Variablen sind auch Variablen anderer Datentypen steuerbar, hier muss dann der entsprechende Zahlen-oder Zeitwert eingegeben und aktiviert werden.

Bild 5.43 zeigt ein Beispiel. Hier wird der Merker 20.0 durch das aktive Ansteuern vom Programmiergerät auf True gesetzt. Wird die Verbindung vom Programmiergerät zur CPU unterbrochen, übernimmt das SPS-Programm den Signalzustand vom Merker M20.0.

5.9 Programm online öffnen, beobachten und steuern

5.9.1 Aufgerufenen Baustein öffnen

Vor einer tieferen Fehlerdiagnose ist es erforderlich, den fehlerhaften Baustein zu öffnen und bei laufender CPU zu beobachten. Für das Öffnen existieren unterschiedliche Wege. Man kann im Bausteinordner auf das Objekt doppelklicken und dann den „Brillen-Button" betätigen. Eine zweite Möglichkeit ist es, auf der Menüzeile auf *Test* → *Beobachten* zu gehen. In KOP und FUP lässt sich der Signalverlauf beobachten. Die Vorgehensweise gilt auch für die Beobachtung von Datenbausteinen.

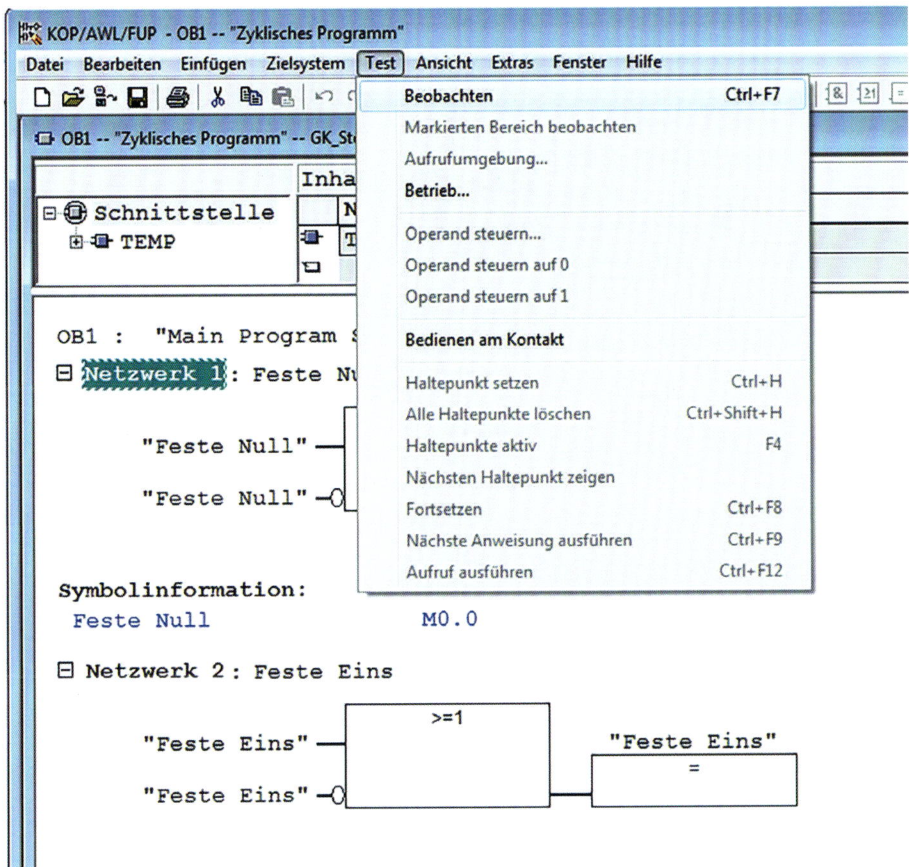

Bild 5.44 *Aufgerufenen Baustein beobachten*

Oft endet die Verfolgung von Signalen am Ausgang eines Programmbausteins. Um zu wissen, warum der Programmbaustein nicht das erwartete Ausgangssignal liefert, muss man diesen Programmbausteins öffnen und seine interne Funktion klären. Per Rechtsklick auf den Baustein öffnet sich das Menü, um aufgerufene Bausteine beobachten zu können (Bild 5.45).

Der Baustein wird geöffnet und zeigt die Inputparameter der Schnittstelle und die ersten Netzwerke (Bild 5.46).

Mit gesetztem Parameter *#PT100_Klima* verschiebt sich die Berechnung, das wäre auch außerhalb des Bausteins sichtbar gewesen. Nach der Korrektur des Parameters ist auch der Messwert OK (Bild 5.47).

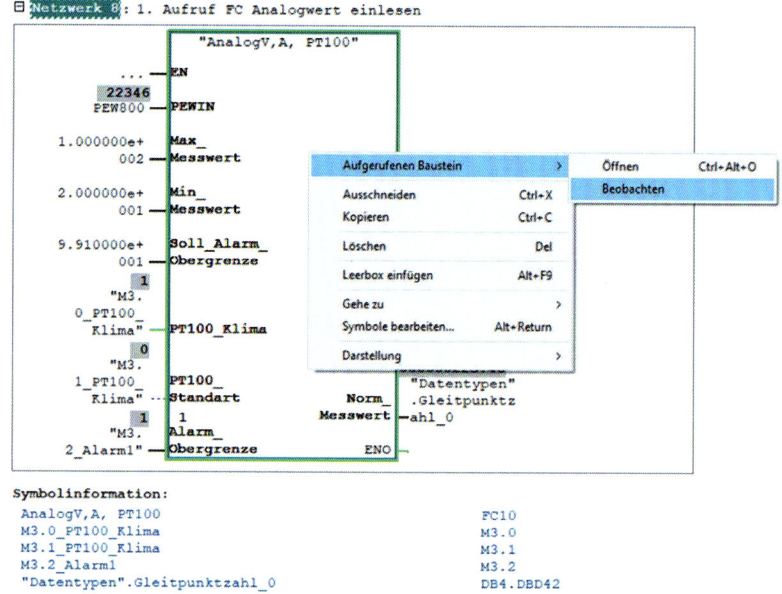

Bild 5.45 *Programmbaustein öffnen und beobachten*

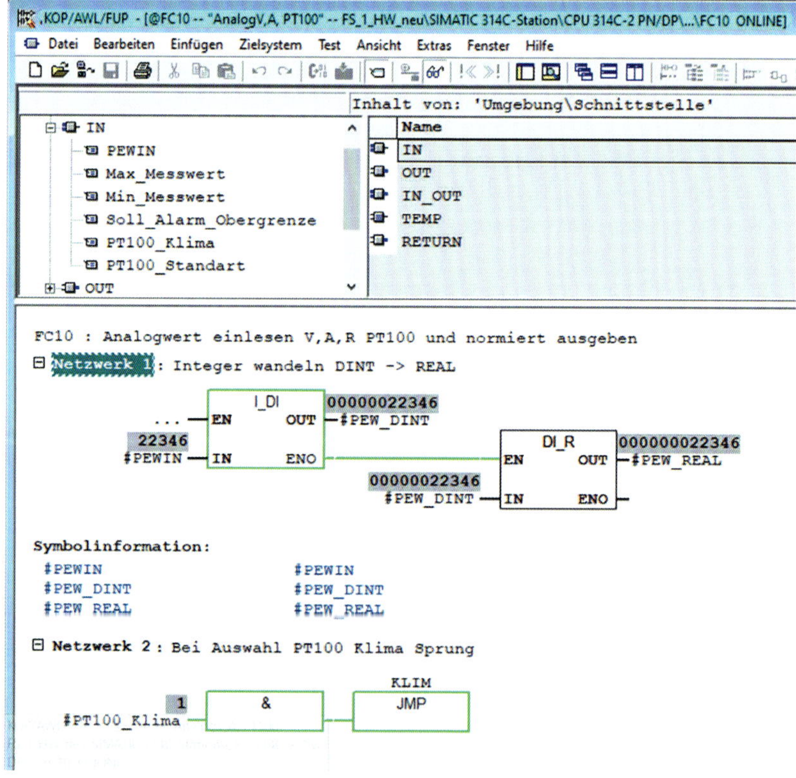

Bild 5.46 *Programmbaustein geöffnet mit Einschaltparametern*

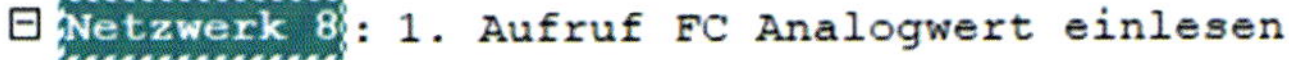

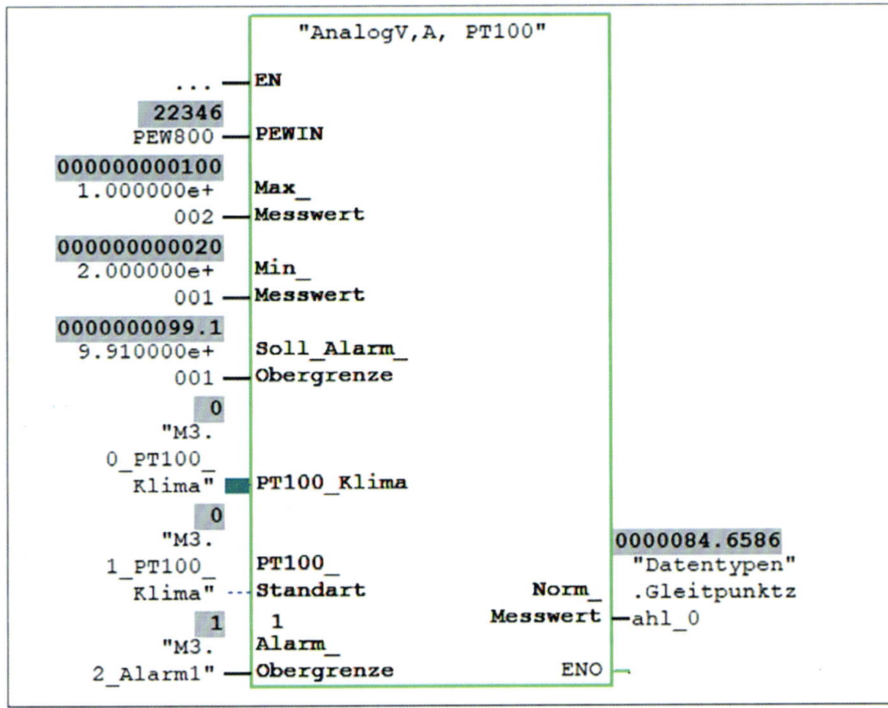

Symbolinformation:

AnalogV,A, PT100	FC10
M3.0_PT100_Klima	M3.0
M3.1_PT100_Klima	M3.1
M3.2_Alarm1	M3.2
"Datentypen".Gleitpunktzahl_0	DB4.DBD42

Bild 5.47 *Programmbaustein mit korrekter Beschaltung*

5.9.2 Beobachten im Aufrufpfad

Bei einer Signalverfolgung kann man feststellen, dass an einem mehrfach eingesetzten FC oder FB (z.B. Motor-Ventilansteuerung), an dem man ein Ausgangssignal erwartet, keines angesteuert wird. Da der entsprechende FC oder FB mehrfach im Zyklus aufgerufen wird, können der interne Programmablauf, Signale, Verknüpfungsergebnisse (VKE) usw. nicht eindeutig beobachten werden. Um dies zu erreichen, werden mehrfach aufgerufene FC oder FB im Aufrufpfad beobachtet. Dazu muss der Offline-Baustein geöffnet werden, in dem die Online-Signalverfolgung des mehrfach aufgerufenen FC oder FB durchgeführt werden soll. Im Menü-Band unter *Test* → *Betrieb* kann der Testbetrieb eingeschaltet werden.

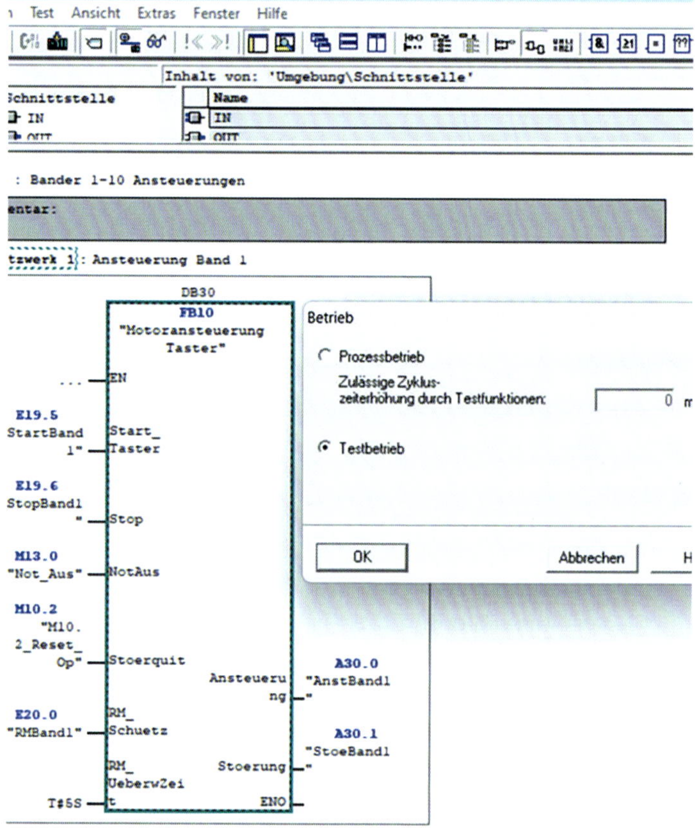

Bild 5.48 *Beobachten im Aufrufpfad*

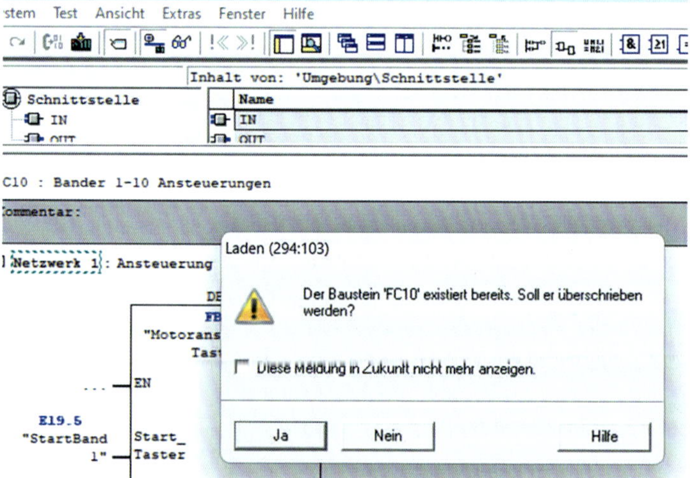

Bild 5.49 *Ladefenster beim Programm übertragen*

Nachdem der Button „OK“ betätigt wurde, muss der Baustein noch gespeichert und in die CPU geladen werden. Der Baustein wird beim Klick auf den Button „Ja“ in der CPU überschrieben.

Nach erfolgreichem Laden kann die Online-Verbindung wiederhergestellt und der Baustein mit dem Brillen-Icon beobachtet werden. Um den eingestellten Baustein im Aufrufpfad beobachten zu können, muss der Baustein mit der Maus markiert und mit Rechtsklick über *Aufgerufener Baustein* → *Beobachten* mit Aufrufpfad ausgewählt werden.

Dann wird der markierte Baustein im Aufrufpfad online zum Beobachten geöffnet. Damit ist es gewährleistet, dass man die Signale in diesem Baustein-Aufruf beobachtet und nicht in irgendeinem anderen Aufruf der gleichen FC oder FB-Bausteine im Zyklus. Nach Abschluss der Fehlersuche sollte die CPU wieder in den Prozessbetrieb geschaltet werden.

Bild 5.50 *Beobachten mit Aufrufpfad*

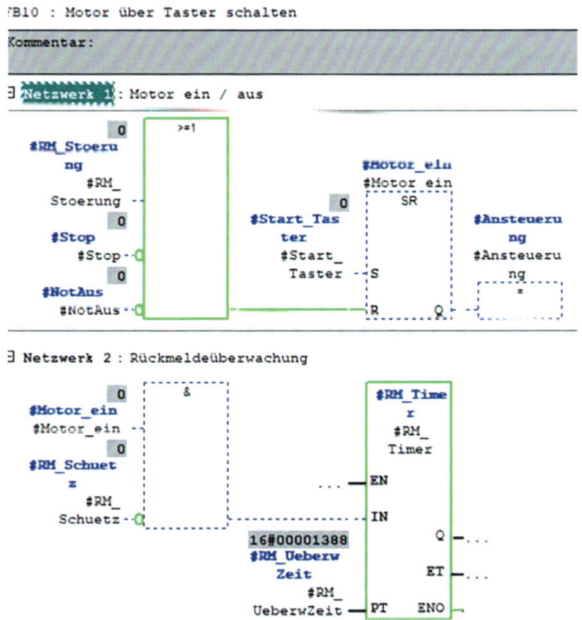

Bild 5.51 *Bausteine online beobachten*

5.9.3 Einschaltbedingungen zurückverfolgen

Nachdem im Programmbaustein – FC oder FB – die Verarbeitung geprüft und als fehlerfrei eingestuft wurde, untersucht man als Nächstes die externen Einschaltbedingungen. Konstanten werden in der Regel ausgeschlossen, da sie sich nicht verändern und daher nicht als Fehlerquelle in Betracht kommen. Dennoch kann eine falsch eingestellte Konstante in bestimmten Fällen eine Fehlfunktion verursachen. Normalerweise wird dies bereits während des Programmtests überprüft.

Die eigentliche Fehlersuche konzentriert sich aber auf die Variablen. Es ist wichtig zu ermitteln, welcher Wert sich in diesen Variablen befindet, sowohl im Normalbetrieb als auch im Fehlerfall. Ist ein Variablenwert falsch, so ist die entscheidende Frage, wie dieser falsche Wert in die Variable gelangt ist.

In Bild 5.52 sind die Einschaltbedingung sehr überschaubar: Die Konstanten sind feste Zahlenwerte, einzig der PEW272 – eine analoge Eingangsgröße – kann in den Grenzen des Integer-Zahlenbereichs variieren. Wenn die Beschaltung der Konstanten – auch der booleschen – korrekt ist, bleibt nur der PEW272 oder die interne Verarbeitung als Fehlerquelle übrig.

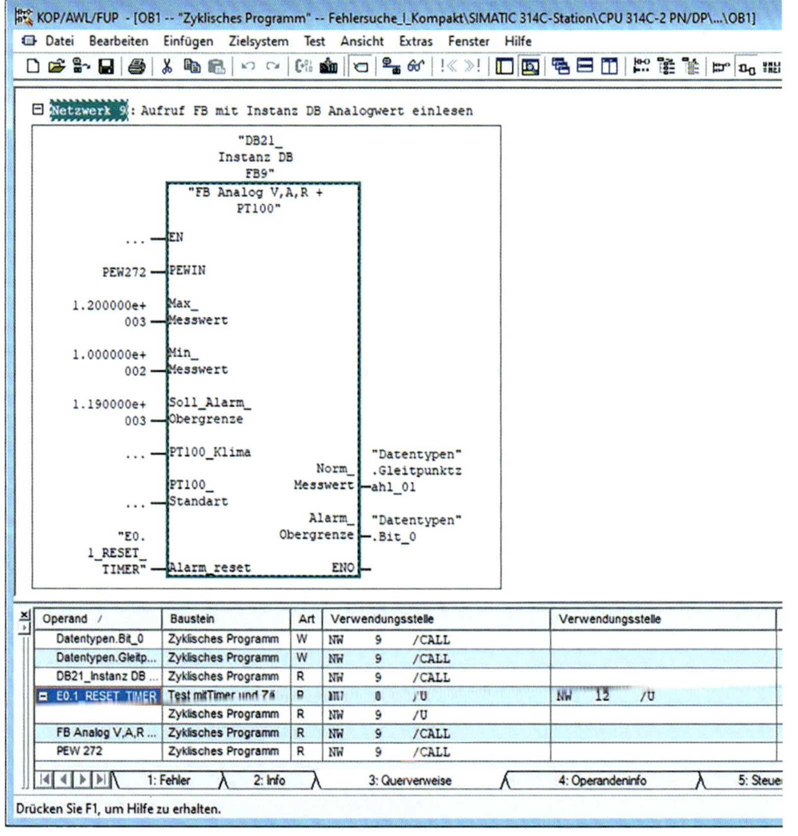

Bild 5.52 *Einschaltbedingung zurückverfolgen*

5.9.4 Bedingungen mit True (Signal=1) überbrücken oder mit False (Signal=0) sperren

Die beiden booleschen Werte True und False sind zunächst nicht als Konstanten verfügbar. In der Regel werden sie zu Beginn des OB1 als Variablen programmiert. Die Symbolnamen dafür variieren: AlwaysTrue, Feste_Eins, Immer_Eins, High Merker oder Logisch_Eins. Beim Überbrücken einer Variablen ersetzt man diese nicht einfach durch True oder False, sondern verknüpft sie mittels Und- oder Oder-Verknüpfung, damit die Rückkehr zum alten Programmcode möglich bleibt. In Bild 5.54 wird das Rücksetzen R des Zählers Z1 durch den Low Merker gesperrt.

5.9.5 Variablen steuern

Im Online-Beobachtungsmodus eines Bausteines können einzelne Variablen gesteuert werden, indem per Rechtsklick auf die jeweilige Variable geklickt wird.

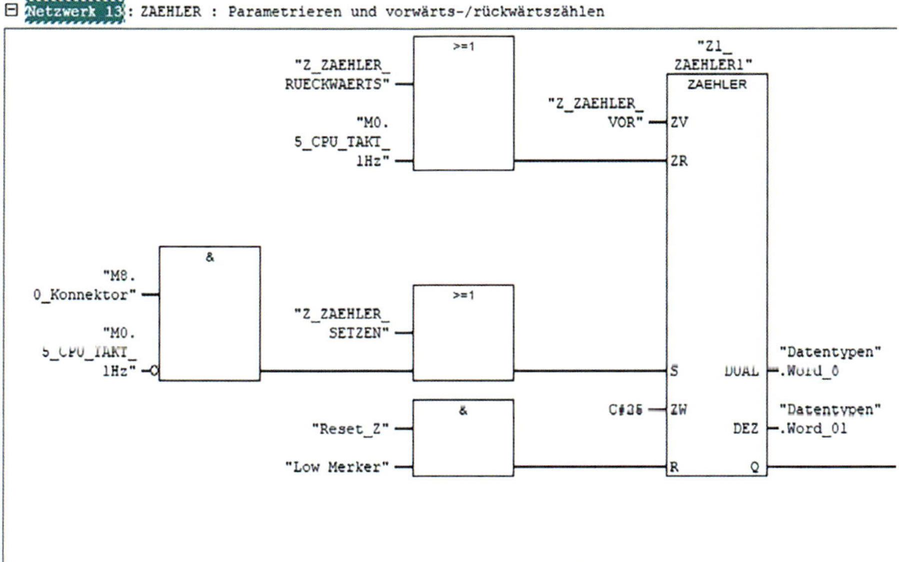

Bild 5.53 *Bedingung sperren mit Low Merker*

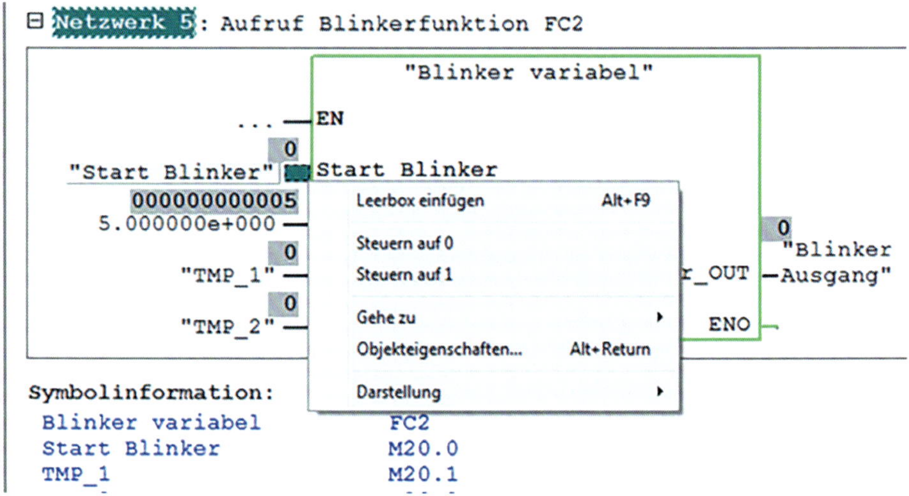

Bild 5.54 *Variable steuern*

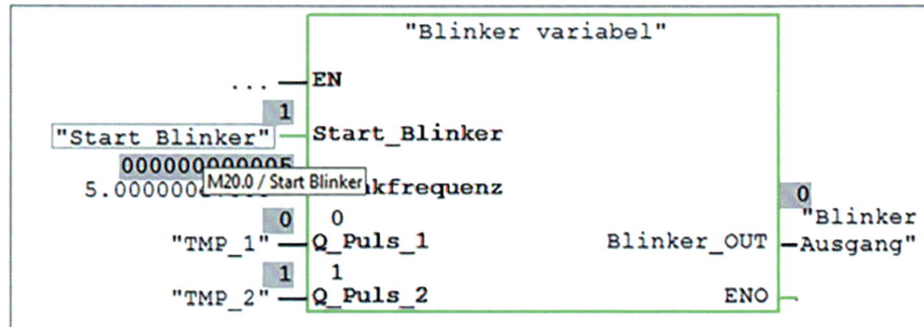

Bild 5.55 *Beobachten der gesteuerten Variable*

Es öffnet sich ein Menüfenster, mit dem die Steuerung vorgenommen werden kann. Im Beispiel in Bild 5.54 kann der Merker „Start Blinker" mit „Steuern auf 0" aus- oder mit „Steuern auf 1" eingeschaltet werden. In Bild 5.54 ist zu sehen, wie die Eingangsvariable „Start Blinker" auf 1 gesteuert wird. Das bedeutet, dass im nächsten Zyklus der CPU der Ausgang „Blinker Ausgang" sein Signal von 0 auf 1 ändert.

5.9.6 Bedienen am Kontakt

Eine weitere Möglichkeit zum Steuern von Variablen ist das „Bedienen am Kontakt". Bei einer Variablen mit symbolischem Namen lässt sich über „Symbol bearbeiten" das „Bedienen am Kontakt" freischalten (Flag BK setzen).

Die entsprechende Variable wird im Beobachtungsmodus mit einem grau hinterlegten Rahmen dargestellt und kann bei gedrückter linker Maustaste auf 1 (True) gehalten werden, nach dem Loslassen geht der Wert auf 0 zurück. Der Mauszeiger wird in dieser Darstellung nicht angezeigt.

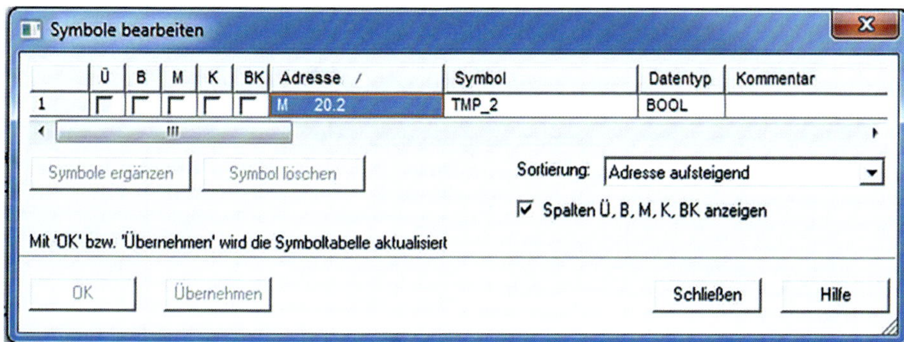

Bild 5.56 *Symboltabelle*

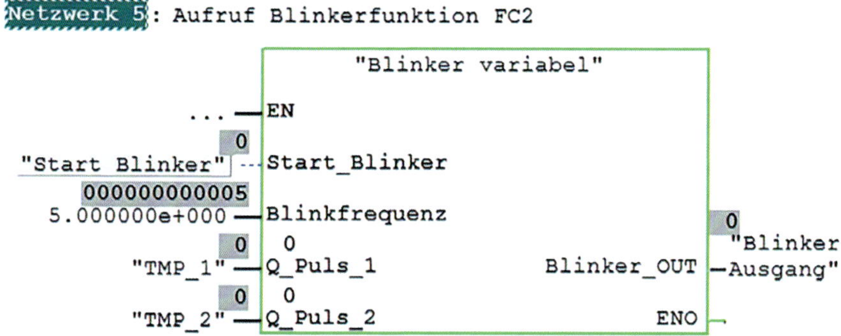

Bild 5.57 *Bedienen am Kontakt*

Alternativ kann das „Bedienen am Kontakt" auch in der Symboltabelle gesetzt werden (Bild 5.57). Die speziellen Objekteigenschaften sind in der Symboltabelle durch Markierungen in der jeweiligen Spalte (B, K, M, Ü, BK) gekennzeichnet. Die Anzeigen dieser Spalten können mit dem Menübefehl *Ansicht → Spalten Ü, B, M, K, BK* ein- und ausgeschaltet werden, wie in Tabelle 5.2 zu sehen.

Tabelle 5.2 *Objektbeschreibung der Symboltabelle*

U	Überwachungseigenschaften
B	Bedienen und Beobachten mit WinCC
M	Meldungseigenschaften
K	Kommunikationseigenschaften
BK	Bedienen am Kontakt

Eine Kurzbeschreibung der Befehle Ü, B, M, K, BK findet man in der Online-Hilfe (F1).

5.9.7 Forcen der Ein- und Ausgänge

Forcen ist das zwangsweise und dauerhafte Setzen eines Ein- oder Ausganges auf einen festen Wert. Die Dauerhaftigkeit bezieht sich auf das Stromlosmachen der CPU. Ein Force-Auftrag ist nach Wiederkehr der Spannung weiterhin vorhanden und muss zum Ausschalten in der Forcetabelle deaktiviert werden.

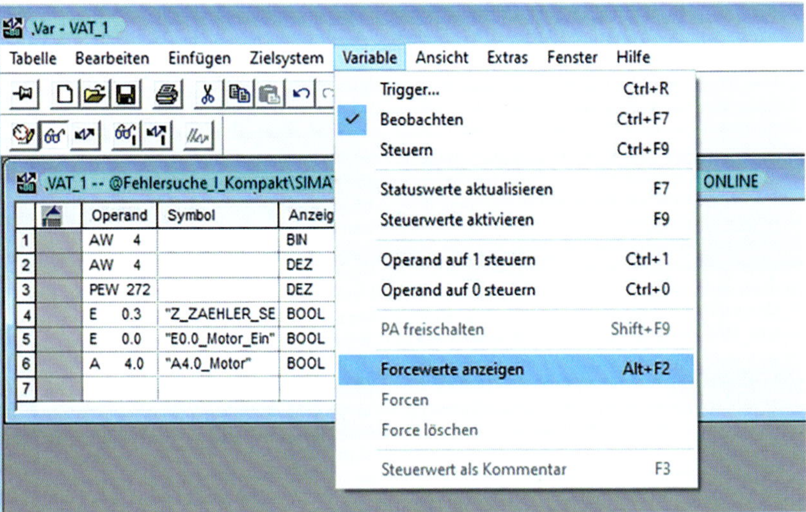

Bild 5.58 *Force-Werte anzeigen*

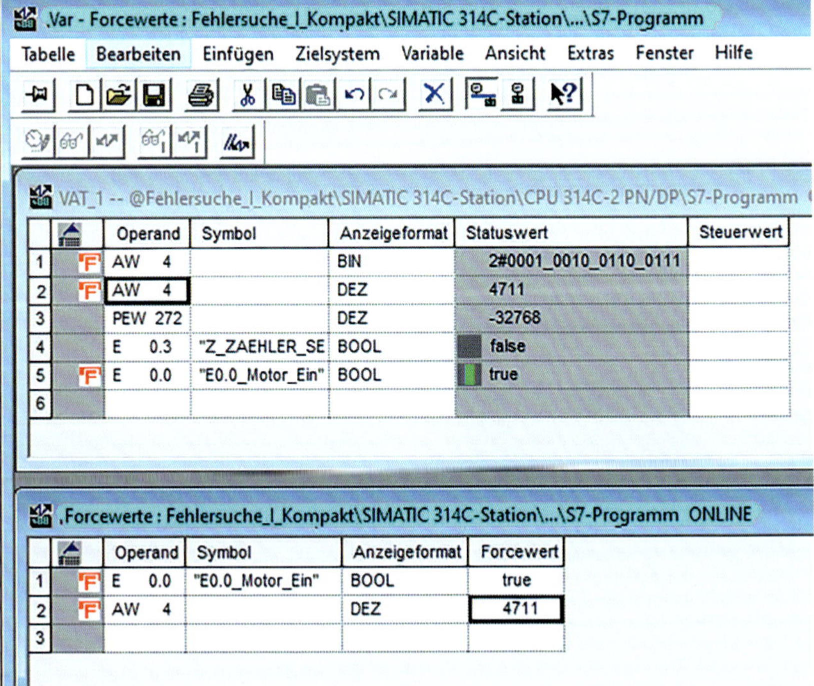

Bild 5.59 *Forcen aktiv*

Beim Beobachten in Netzwerken oder in der Variablentabelle werden anliegende Force-Aufträge an der betreffenden E/A-Variablen mit einem „F" markiert. Beim Beobachten in der Variablentabelle wählt man *Forcewerte anzeigen*. Nach Vorgabe eines Forcewertes (binär, dezimal oder als BOOL) wird Forcen anwählbar. Mit aktiviertem Forcen wird in der Force-Tabelle und auch in der Variablentabelle die geforcte Variable markiert.

5.10 Safety-Fehlerdiagnose

5.10.1 Baugruppeneinstellungen

Die Baugruppeneinstellungen sind der Schlüssel zu einer erfolgreichen Safety-Programmierung und letztendlich auch zu einer erfolgreichen Fehlersuche. Es gibt je nach CPU-Baureihe unterschiedliche Einstellmöglichkeiten, die wesentlichen Einstellungen sind aber in allen Baugruppen ähnlich. Erkennbar an dem F in der Typenbezeichnung ist die fehlersichere CPU leicht zu finden. Auf den Gehäusen sind häufig gelbe Markierungen aufgedruckt, wenn Safety-Funktionalitäten vorhanden sind.

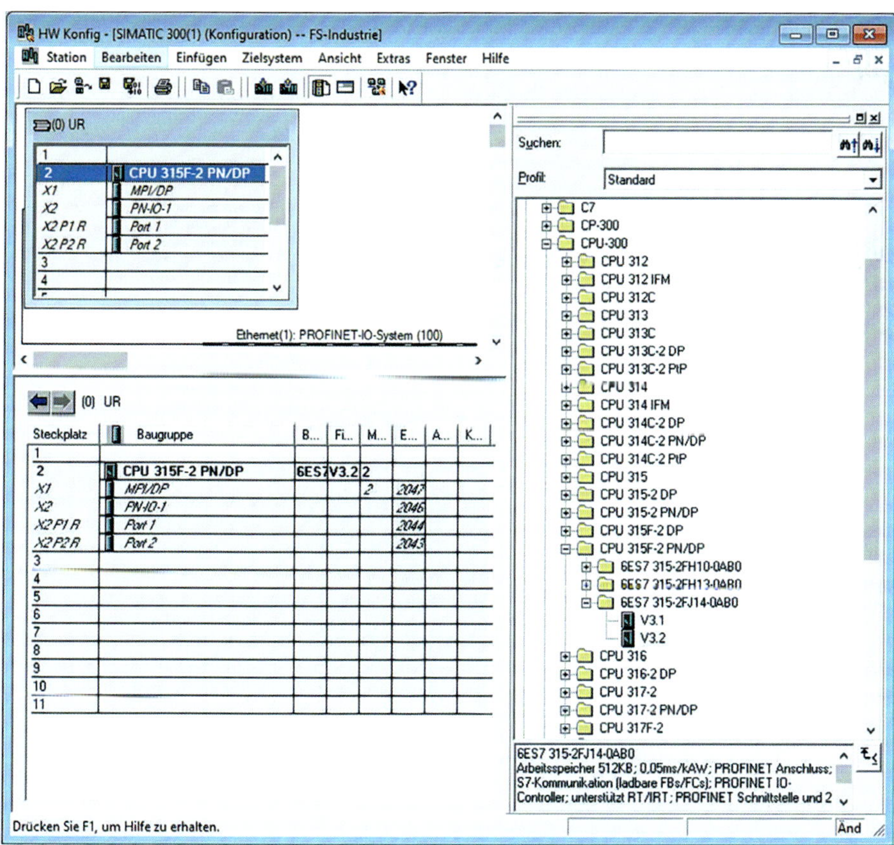

Bild 5.60 *Darstellung einer fehlersicheren CPU in HW-Konfiguration*

In der Gerätekonfiguration findet sich die gelbe Kennfarbe für Safety nicht wieder. Die fehlersicheren DI-Baugruppen sind ganz normal unter den DI-Baugruppen im Katalog zu finden. Auch hier sind sie mit dem Kennbuchstaben F für *Fehlersicher* (Safety) gekennzeichnet. Wie die F-DI-Baugruppe ist auch die F-DQ-Baugruppe im Katalog aufgeführt.

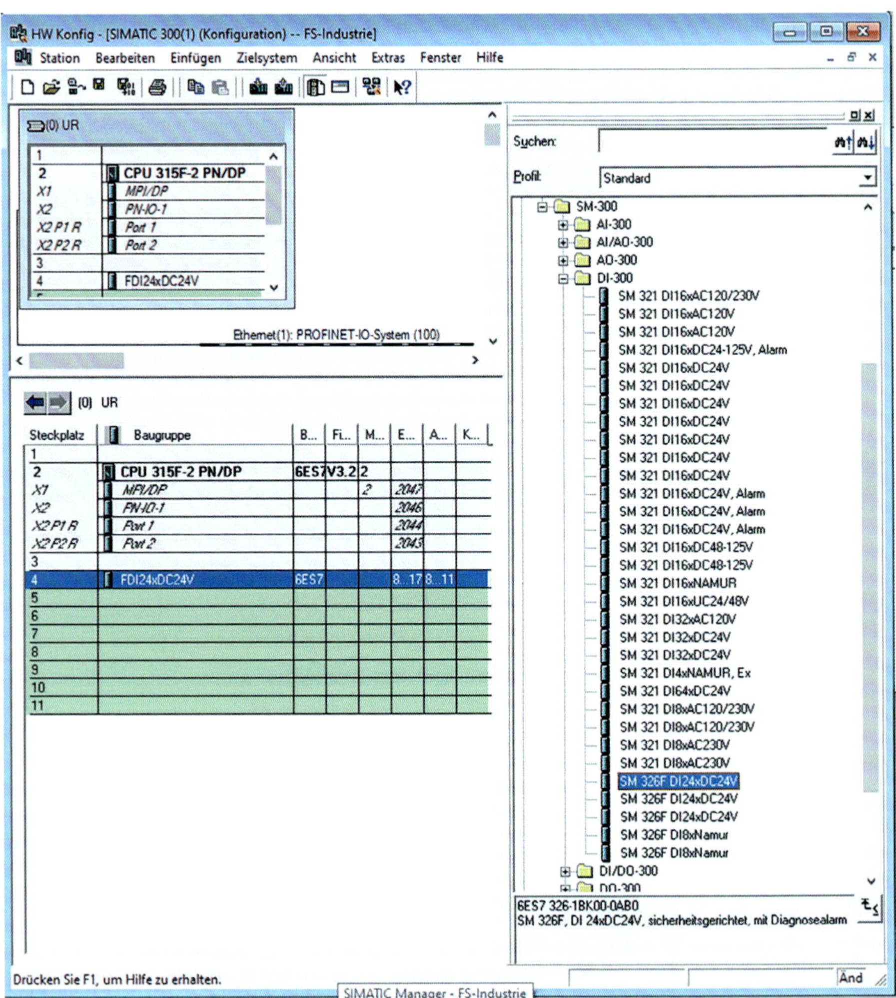

Bild 5.61 *Auswahl einer fehlersicheren DI-Baugruppe*

Die Einstellungen müssen unbedingt zu der Hardware und deren Verdrahtung passen, weil sonst das PL (Performance Level) oder das SIL (Sicherheits-Integritätslevel) nicht mehr erreicht wird. Es ist also zwingend erforderlich, die Einstellungen anhand des Datenblatts der Baugruppe einzustellen.

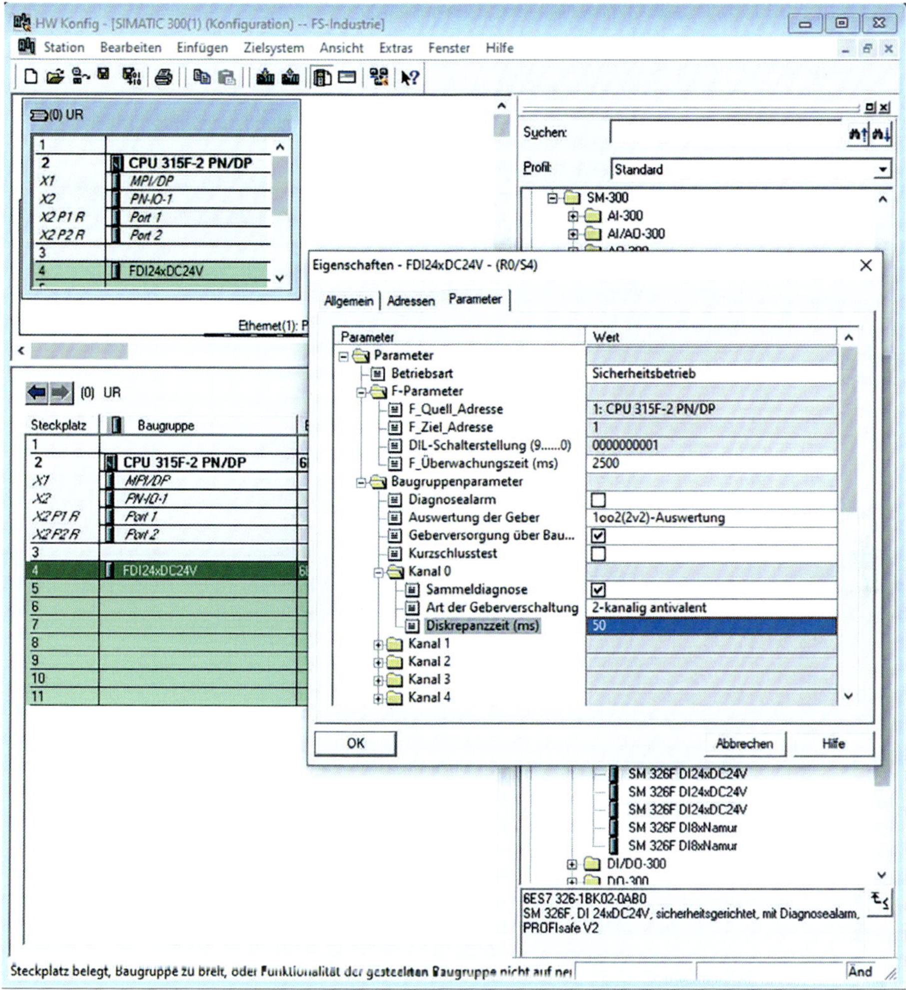

Bild 5.62 *Einstellung einer fehlersicheren DI-Baugruppe – Auswertung der Geber*

Die Diskrepanz-Zeit hängt von der Auswertung der Geber und der angeschlossenen Hardware ab. Bei 2-kanalig äquivalent ist eine kleinere Diskrepanz-Zeit einstellbar. Bei antivalenter Verschaltung und Auswertung führen kleinere Werte schnell zu einem Fehler. Ist der Geber einkanalig (1oo1 – verdrahtet), so sind die darunterliegenden Parameter ausgegraut und somit nicht einstellbar.

Die einzelnen Kanäle der Baugruppe können mit verschiedenen Arten der Geberschaltungen belegt werden.

- 1oo1 → einkanalige Auswertung → in der Regel ein Öffner
- 1oo2 → zweikanalige Auswertung äquivalent → zwei separat verdrahtete Öffner
- 1oo2 → zweikanalige Auswertung antivalent → ein Öffner und ein Schließer bzw. ein Wechselkontakt, in Abhängigkeit von den Möglichkeiten des F-DI-Eingangsmoduls

Für ein Safety-Programm muss zwingend ein Passwort vergeben werden.

Ohne Passwort kann die Hardware nur beobachtet, aber nicht verändert werden.

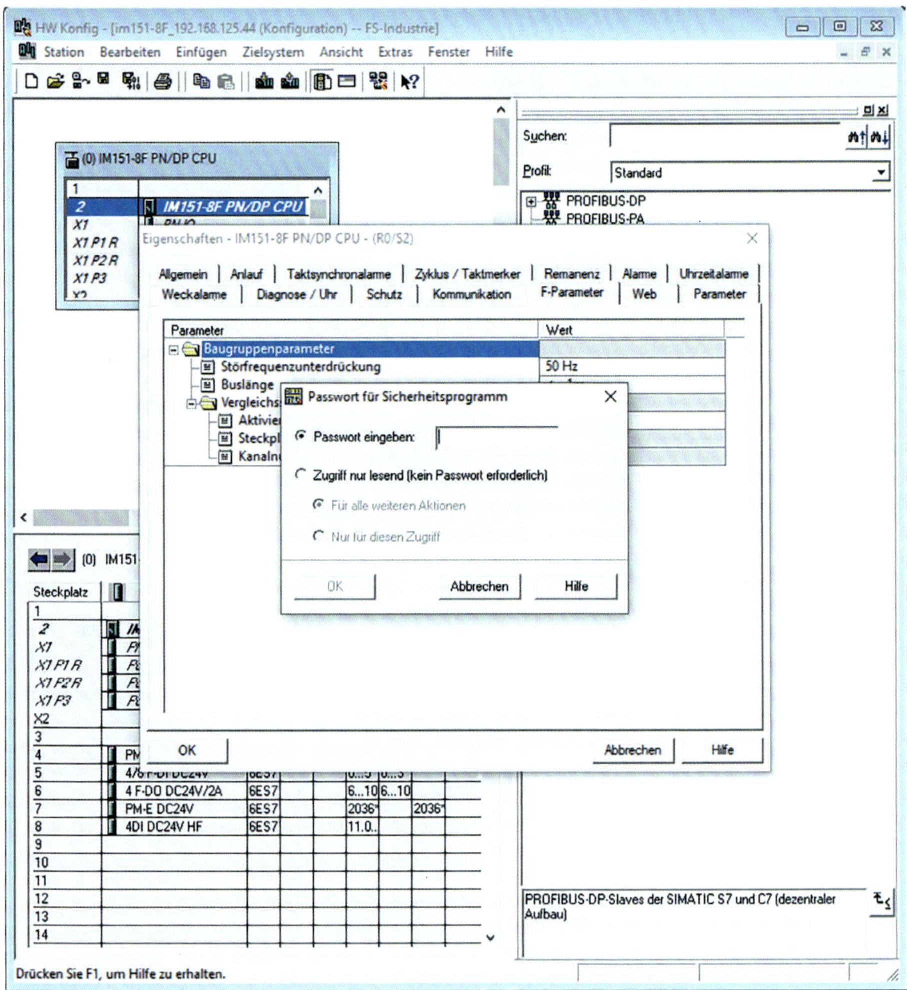

Bild 5.63 *Einrichtung eines Passworts für das Sicherheitsprogramms*

5.10.2 Safety-Bausteine

Für die Safety-Programmierung im Simatic Manager werden verschiedene Bausteine eingesetzt. Für eine klare Trennung von konventionellem und sicherheitsorientiertem Programm empfiehlt sich im Bausteinordner ein Sicherheitsprogramm als FB in der Sprache F-FUP anzulegen – F-KOP ist ebenso möglich. Jetzt taucht auch die gelbe Farbe zur Kenntlichmachung der Safety-Programmelemente auf (Bild 5.64).

Im FB1-Sicherheitsprogramm ist das eigentliche Safety-Programm abzulegen. Dieses wiederum wird aus den unter der CPU verfügbaren Anweisungen, insbesondere den F-Application Blocks, zusammengesetzt.

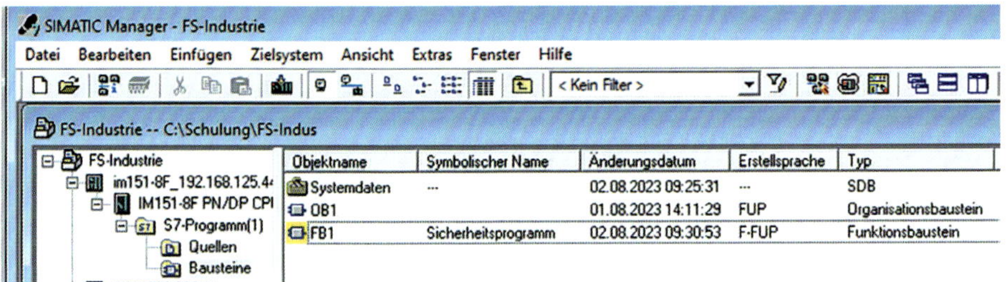

Bild 5.64 *Programmnavigation mit Sicherheitsprogramm*

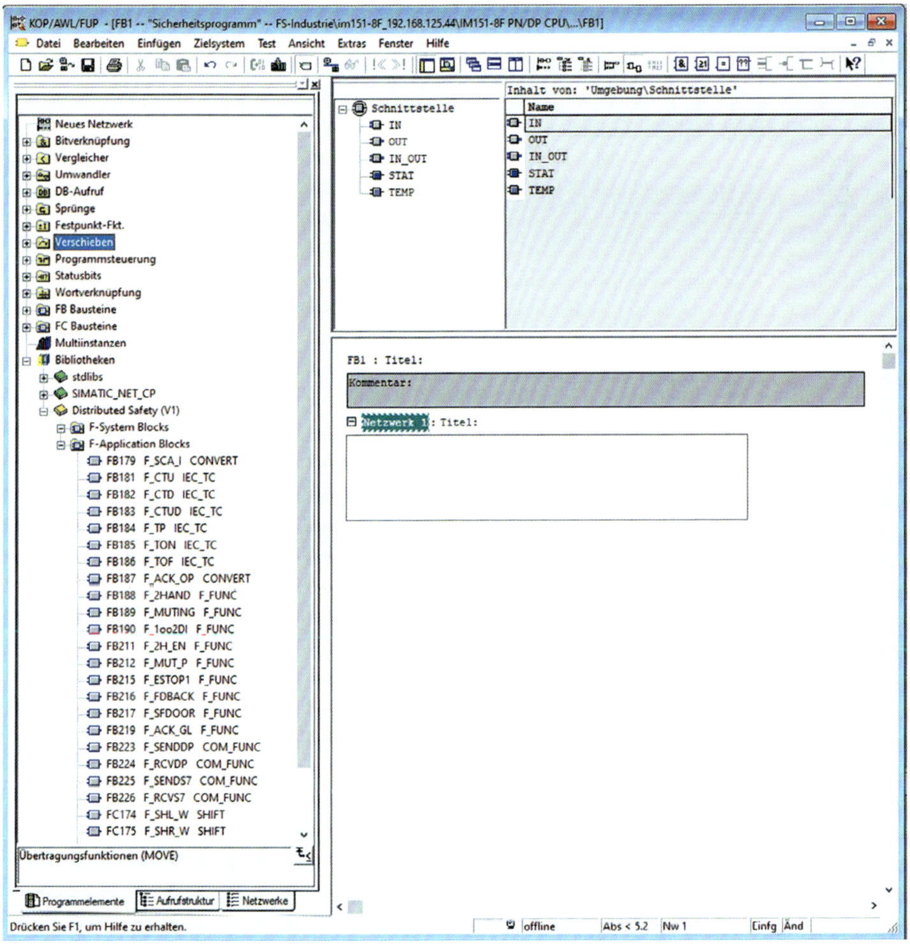

Bild 5.65 *Übersicht mit Safety-Bausteinen: F-Application Blocks*

Das Safety-Programm besteht also aus den üblichen Anweisungen wie Bitverknüpfung, Zeit, Zähler usw. und natürlich den Sicherheitsfunktionen. Dabei wird auf die Safety-Ein- und -Ausgänge zugegriffen.

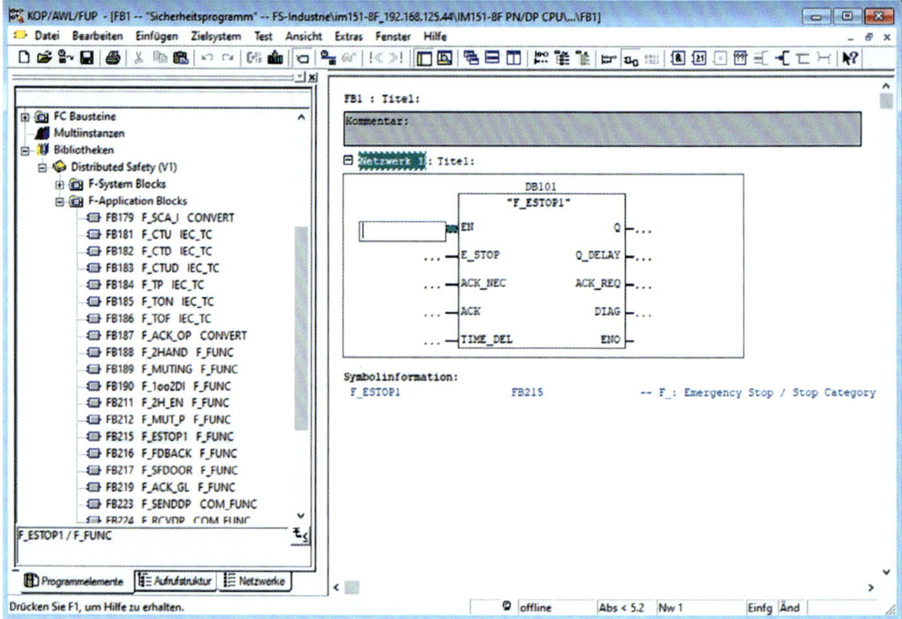

Bild 5.66 *Aufruf der Sicherheitsfunktion ESTOP1*

Beim Aufruf der Sicherheitsfunktion ESTOP1 muss ein Instanz-Datenbaustein festgelegt werden, in Bild 5.66 der DB101. Die hinzugekommenen Programmelemente finden sich auch im Simatic Manager wieder.

FS-Industrie -- C:\Schulung\FS-Indus

FS-Industrie
- im151-8F_192.168.125.4
  - IM151-8F PN/DP CPU
    - S7-Programm(1)
      - Quellen
      - Bausteine
- SIMATIC 300(1)

Objektname	Symbolischer Name	Änderungsdatum	Erstellsprache	Typ
Systemdaten	---	02.08.2023 09:25:31	---	SDB
OB1		01.08.2023 14:11:29	FUP	Organisationsbaustein
FB1	Sicherheitsprogramm	02.08.2023 09:30:53	F-FUP	Funktionsbaustein
FB215	F_ESTOP1	02.07.2009 14:57:26	F-FUP	Funktionsbaustein
DB101		02.08.2023 10:15:29	F-DB	Instanzdatenbaustei...

Bild 5.67 *Safety-Programmelemente im Simatic Manager*

Die Beschaltung des Einganges E_STOP an der Sicherheitsfunktion F_ESTOP1 wird mit einem Safety-Eingang vorgenommen. In Bild 5.68 ist das der Eingang E2.4 SafetyStop. Der Eingang ACK wird hier über einen konventionellen Eingang (E0.1 Start) eingelesen. Üblicherweise ist dies ein normaler Schließer-Kontakt, der nicht Safety-konform verdrahtet werden muss bzw. sollte. Da die Variable kein fehlersicherer Operand ist, wird diese hier rot hinterlegt. Das kann mehrere Ursachen haben. Es können zum Beispiel die Adressebereiche der Variablen normalen, also keinen fehlersicheren Eingangsbaugruppen zugeordnet sein. Als weitere Möglichkeit kann es sein, dass das Safety-Programm noch nicht richtig generiert worden ist. Weitere Infos zum Erstellen eines Safety Programms stehen in den Siemens-Handbüchern.

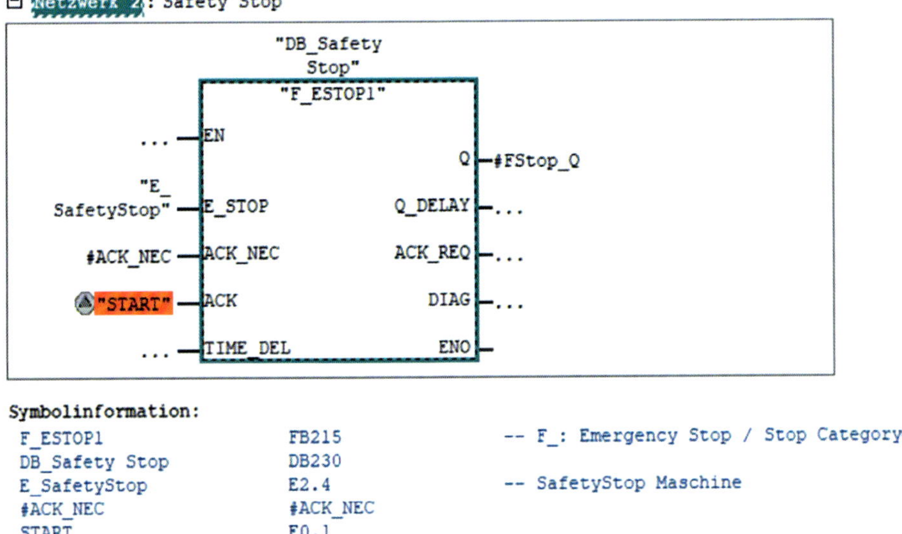

Symbolinformation:

F_ESTOP1	FB215	-- F_: Emergency Stop / Stop Category
DB_Safety Stop	DB230	
E_SafetyStop	E2.4	-- SafetyStop Maschine
#ACK_NEC	#ACK_NEC	
START	E0.1	
#FStop_Q	#FStop_Q	

Bild 5.68 *F_ESTOP1 mit Beschaltung des Bausteineinganges E_STOP*

5.10.3 Safety-Programm-Analyse

Da das Safety-Programm für die sichere Abschaltung bzw. sichere Wiedereinschaltung zuständig ist, beschränkt sich die Programmanalyse auf die korrekte Ansteuerung und den vollständigen Aufruf aller erforderlichen Safety-Bausteine. Die erforderlichen Safety-Bausteine ergeben sich aus der verbauten Hardware. Wenn also beispielsweise keine Sicherheitstür verbaut ist, so ist auch kein Baustein F_SFDOOR erforderlich. In der Regel werden zusammengehörige Signale einen Teil oder die gesamte Anlage stillsetzen. Regelgerecht wird auch jedes Ereignis separat behandelt, ob es sich nun um eine Schutztür oder einen NOT-Halt-Taster handelt. Mit der separaten Behandlung ist ein einzelner Baustein gemeint.

5.10.4 Safety-Fehleranalyse

Eine schnelle Fehleranalyse ist oft beim Beobachten des Safety-Programms möglich. Wenn ein Fehler am Eingang E_STOP auftritt, wird der Ausgang Q vom F_ESTOP1 ab gesteuert (FALSE). In Bild 5.69 ist die SafetyStop Eingangsvariable E2.4 True. Dadurch geht der Ausgang Q mit der lokalen Ausgangsvariable #FStop_Q auf eins. Auch der Ausgang ACK_REQ steht dann auf TRUE. Nähere Informationen sind mit dem Ausgang DIAG und der Bausteinhilfe (F1) zu ermitteln.

Auch während des Online-Beobachtens ist die Eingangsvariable E0.1 Start rot hinterlegt.

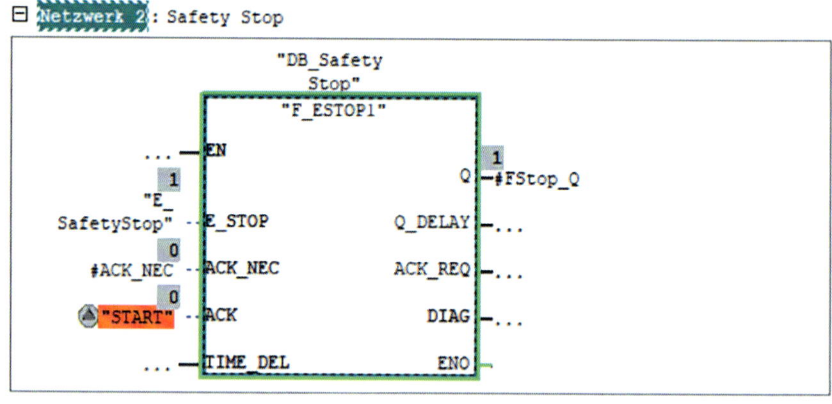


```
Symbolinformation:
  F_ESTOP1              FB215          -- F_: Emergency Stop / Stop Category
  DB_Safety Stop        DB230
  E_SafetyStop          E2.4           -- SafetyStop Maschine
  #ACK_NEC              #ACK_NEC
  START                 E0.1
  #FStop_Q              #FStop_Q
```

Bild 5.69 *Sicherheitsprogramm beobachten*

5.11 Migration STEP7-Projekt zum TIA-Portal

5.11.1 Bausteinkonsistenz prüfen

Vor der eigentlichen Migration startet man in der STEP 7 Classic-Umgebung den Simatic Manager und dort eine Konsistenzprüfung für das zu migrierende Projekt. Dazu geht man per Rechtsklick auf den Bausteinordner und wählt *Bausteinkonsistenz prüfen* aus.

Nach der Prüfung wird in dem Fenster „Bausteinkonsistenz prüfen" angezeigt, welche Bausteine ohne und welche mit Fehler übersetzt wurden. Die fehlerhaften Bausteine haben eine rote Markierung.

In dem Informationsfenster wird beschrieben, was an den rot markierten Bausteinen fehlerhaft ist. Mit einem Rechtsklick auf den fehlerhaften Baustein kann dieser entweder geöffnet oder einzeln übersetzt werden.

Um Fehler bei der Migration zu verhindern, empfiehlt es sich, nach erfolgreicher Bausteinkonsistenz-Prüfung das Projekt zu speichern und das STEP7-Programm zu schließen. Danach kann die gewünschte TIA-Portalversion geöffnet werden.

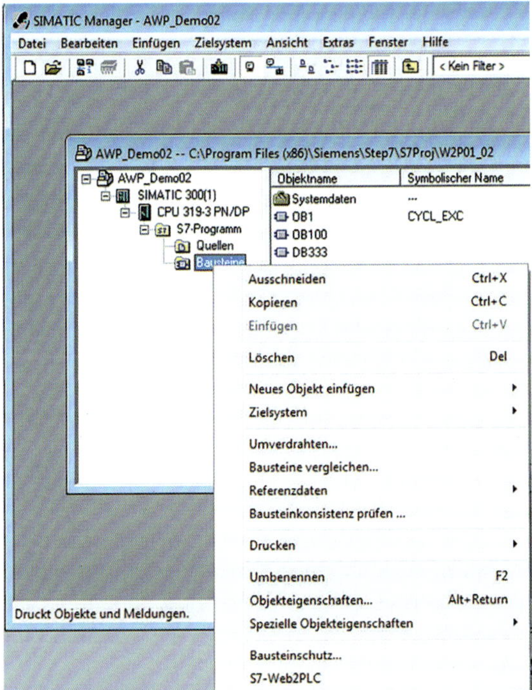

Bild 5.70 *Bausteinkonsistenz prüfen*

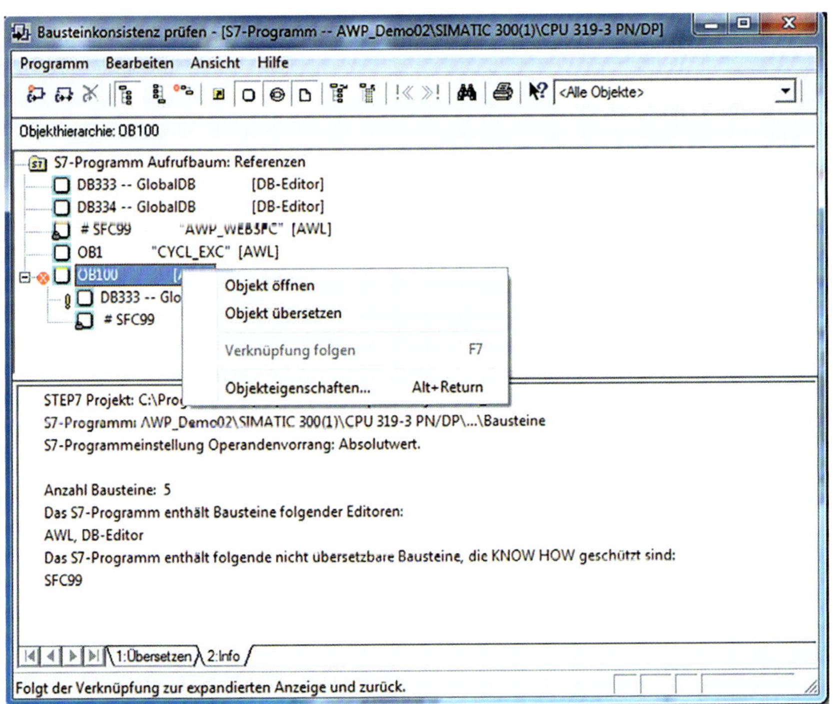

Bild 5.71 *Fehlerhaften Baustein öffnen*

5.12 Visualisierung im Simatic Manager mit WinCC-flexible

Zur Visualisierung von Anlagen sind Elemente wie Ziffernanzeigen, Messinstrumente und Signalleuchten in vielen Fällen nicht mehr ausreichend. Die steigende Komplexität der Anlagen erfordert eine erhöhte Menge an Informationen sowie flexiblere Eingabemöglichkeiten. Diese Anforderungen lassen sich effektiver durch den Einsatz von bedienbaren Bildschirmen umsetzen.

Das WinCC flexible ist eine Ergänzung zum Simatic Manager und ermöglicht die Animation von Panels. Neben der reinen Anzeige von Variableninhalten besteht also auch die Möglichkeit, diese Variablen, die mit der zugehörigen CPU verbunden sind, zu beeinflussen.

5.12.1 Meldungen

Im Menü *Meldungen* können Bit- und Analogmeldungen mit Meldetexten projektiert werden. Diese können dann in verschiedene Meldeklassen und -gruppen eingeteilt werden. Ebenso können Systemmeldungen und Warnungen projektiert werden, die später im Meldefenster angezeigt werden.

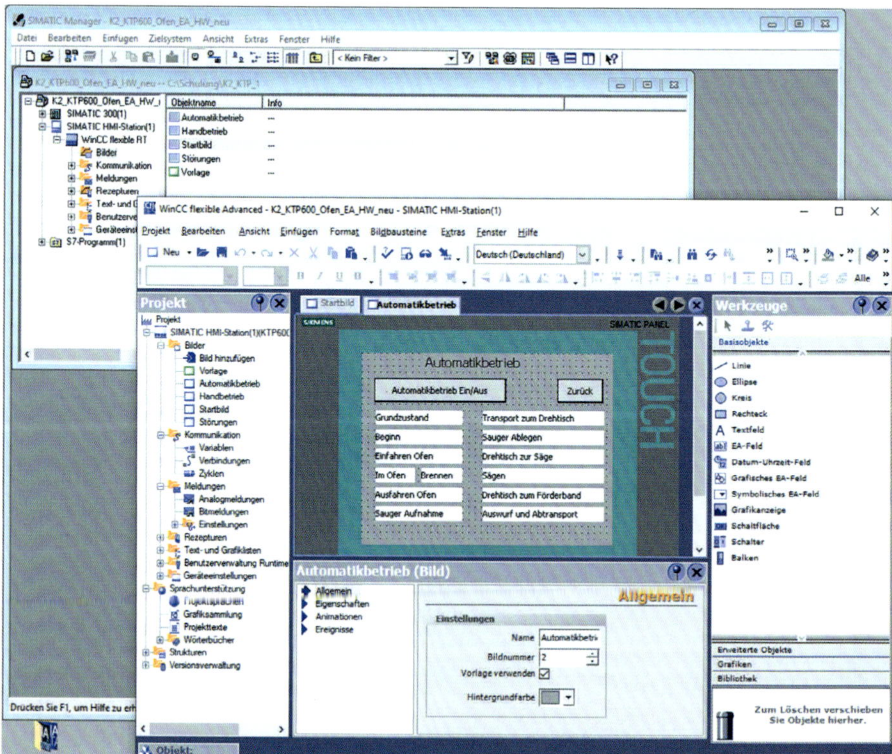

Bild 5.72 *WinCC flexible*

Im Simatic Manager können symbolbezogene Meldungen mit Meldetexten und Meldeklassen projektiert werden. Diese Meldungen können unter STEP7 als Bool-Operanden-Eingänge (E), -Ausgänge (A) und -Merker (M) parametriert und im Programmablauf asynchron ausgelöst werden. Bei diesem Meldungsverfahren werden keine Meldebausteine im SPS-Programm benötigt.

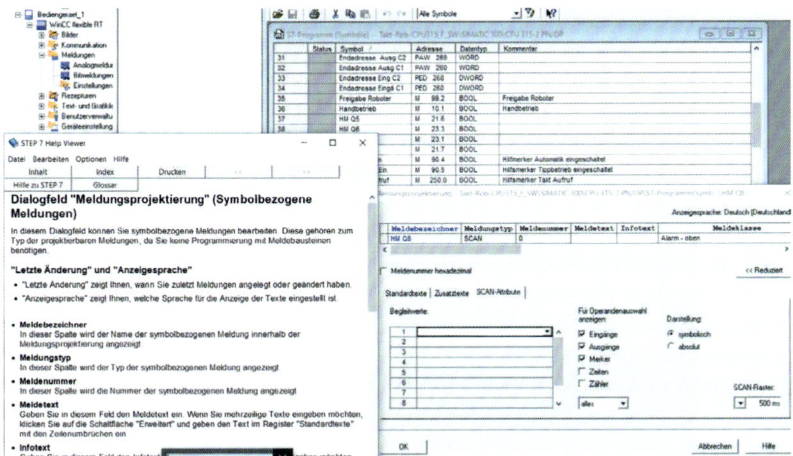

Bild 5.73 *Meldungsprojektierung mit geöffneter Hilfe*

5.12.2 Fehleranzeige in eingesetzter Visualisierung

Für die Anzeige von Fehlerzuständen stehen verschiedene Elemente zur Verfügung: Meldeindikator, Meldefenster und Meldeanzeige. Der Meldeindikator und das Meldefenster lassen sich nur in der Vorlage anwenden, diese überblendet aber bei auftretenden Fehlern das aktuelle Bild, wie in Bild 5.73 zu sehen.

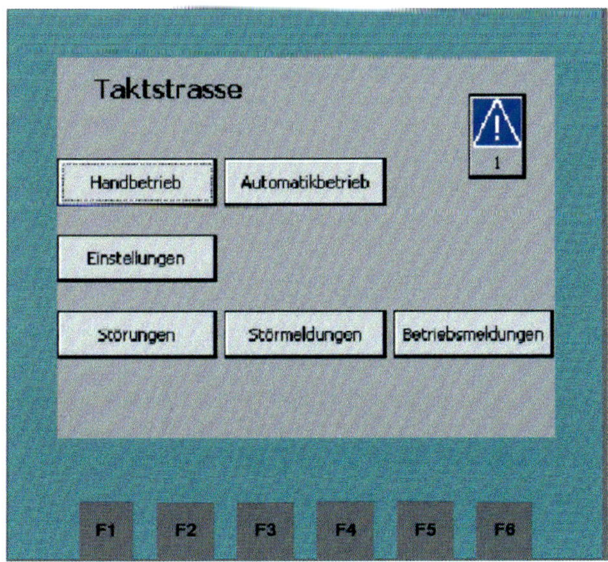

Bild 5.74 *Startbild mit aktivem Meldeindikator*

Die Meldeanzeige kann in verschiedenen Bildern angewandt und separat aufgerufen werden, sowohl für Fehler (Bild 5.75) als auch für normale Betriebsmeldungen (Bild 5.76).

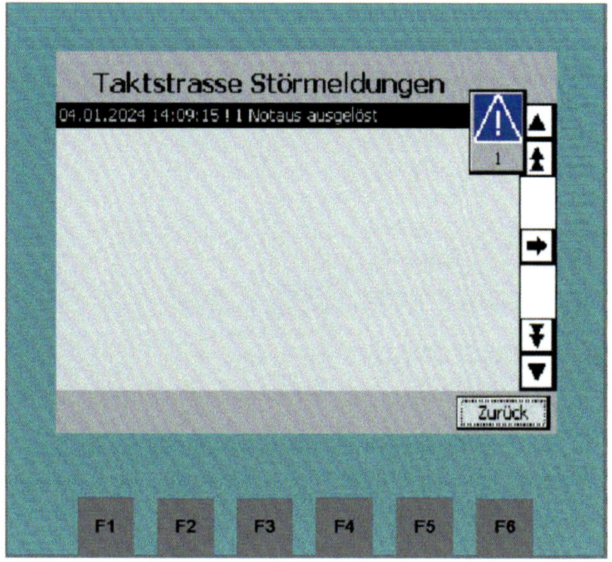

Bild 5.75 *Meldeanzeige, eingestellt für Fehler*

Die Betriebsmeldungen zeigen dem Anwender, wo die Anlage stehengeblieben ist. In Bild 5.74 ist neben der Meldung zum Schieber auch noch der Meldeindikator aktiv, der auf eine Störung hinweist.

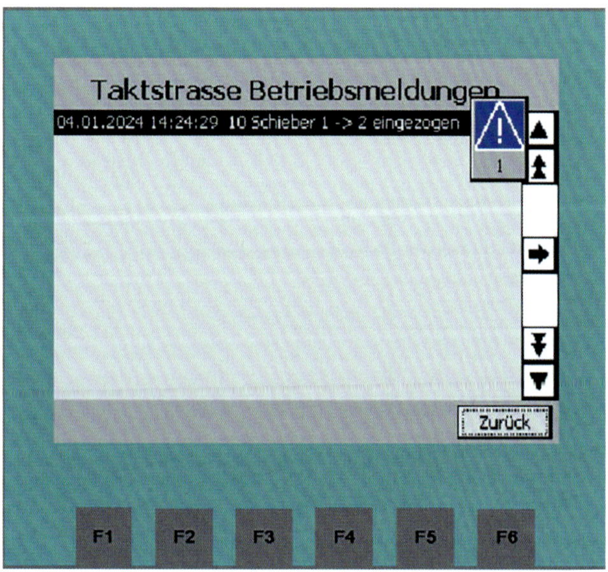

Bild 5.76 *Meldeanzeige eingestellt für Betriebsmeldungen*

In den meisten Fällen reicht eine einfache Darstellung anstehender Fehler aus, wie in Bild 5.77 zu sehen.

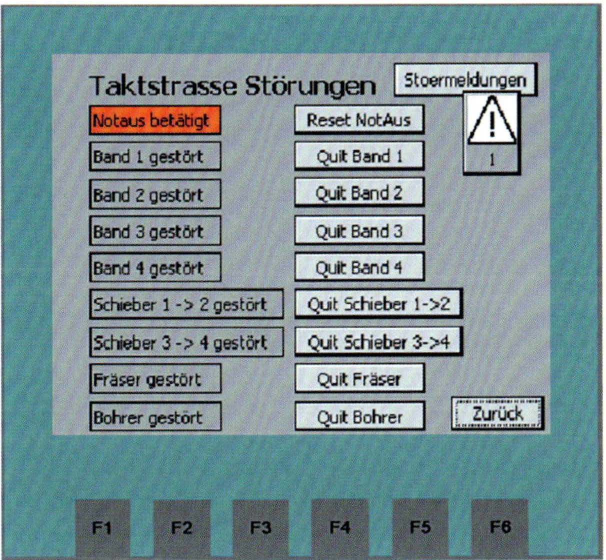

Bild 5.77 *Einfache Darstellung anstehender Fehler*

Der Meldeindikator – das Dreieck mit Ausrufezeichen – ist animiert, um die Sichtbarkeit zu erhöhen: Bei einem Fehler wird er sichtbar und zusätzlich wechselt die Hintergrundfarbe jede Sekunde einmal zwischen weiß und blau.

5.12.3 Migration STEP7 Flexible ins TIA-Portal WinCC

Um ein WinCC flexible anzuheben in das TIA-Portal, muss im STEP7-Manager das WinCC-Projekt aus dem Gesamtprojekt gelöst werden. Sobald eine Migration im TIA-Portal gestartet wird und im STEP7-Projekt Fehler erkannt werden, bricht das TIA-Portal die Migration ab und erstellt ein Migrationsprotokoll (Bild 5.78). In diesem Protokoll stehen alle Hinweise zum Bereinigen des STEP7-Projektes. Dazu gehört auch der Hinweis zum Lösen des WinCC-Projektes aus dem Gesamtprojekt. Sobald das STEP7-Projekt bereinigt ist, kann die Migration im TIA-Portal gestartet werden.

Um bei der Migration keine Probleme mit der Bildschirmgröße zu bekommen, gibt es verschiede neue Panels, die die alten Panels ablösen.

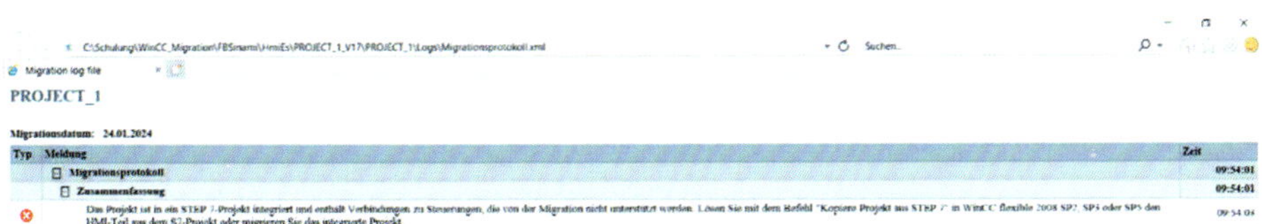

Bild 5.78 *Migrationsprotokoll*

Vorgängergerät	MLFB	Ablösung durch	MLFB
OP 77B	6AV6641-0CA01-0AX1	KP400 Comfort	6AV2124-1DC01-0AX0
TP 177B 4" Color	6AV6642-0BD01-3AX0	KTP400 Comfort	6AV2124-2DC01-0AX0
TP 177B Mono	6AV6642-0BC01-1AX1	TP700 Comfort	6AV2124-0GC01-0AX0
TP 177B Color	6AV6642-0BA01-1AX1		
TP 277	6AV6643-0AA01-1AX0		
MP 177	6AV6642-0EA01-3AX0		
OP 177B Mono	6AV6642-0DC01-1AX1	KP700 Comfort	6AV2124-1GC01-0AX0
OP 177B Color	6AV6642-0DA01-1AX1		
OP 277	6AV6643-0BA01-1AX0		
MP 277 8" Touch	6AV6643-0CB01-1AX1	TP900 Comfort	6AV2124-0JC01-0AX0
MP 277 8" Key	6AV6643-0DB01-1AX1	KP900 Comfort	6AV2124-1JC01-0AX0
MP 277 10" Touch	6AV6643-0CD01-1AX1	TP1200 Comfort	6AV2124-0MC01-0AX0
MP 277 10" Key	6AV6643-0DD01-1AX1	KP1200 Comfort	6AV2124-1MC01-0AX0
MP 377 12" Touch	6AV6644-0AA01-2AX0	TP1500 Comfort	6AV2124-0QC02-0AX0
MP 377 12" Key	6AV6644-0BA01-2AX1	KP1500 Comfort	6AV2124-1QC02-0AX0
MP 377 15" Touch	6AV6644-0AB01-2AX0	TP1900 Comfort	6AV2124-0UC02-0AX0
MP 377 19" Touch	6AV6644-0AC01-2AX1	TP2200 Comfort	6AV2124-0XC02-0AX0

Bild 5.79 *Ablösung Panel mit Bestellnummern*

Vorgänger-gerät	Display-auflösung [Pixel]	Basic-Panels 1st Generation	Display		
			Maße B × H [mm]	Größe [Zoll]	Auflösung [Pixel]
TD 100C	132 × 65	KP300 Basic mono PN	87 × 31	3,6"	240 × 80
TD 200	181 × 33	KP300 Basic mono PN	87 × 31	3,6"	240 × 80
TD 200C	181 × 33	KP300 Basic mono PN	87 × 31	3,6"	240 × 80
		KTP400 Basic mono PN	77 × 58	3,8"	320 × 240
		KTP400 Basic color PN	95 × 54	4,3"	480 × 272
TD 400C	192 × 64	KP300 Basic mono PN	87 × 31	3,6"	240 × 80
		KTP400 Basic mono PN	77 × 58	3,8"	320 × 240
		KTP400 Basic color PN	95 × 54	4,3"	480 × 272
OP 73micro	160 × 48	KP300 Basic mono PN	87 × 31	3,6"	240 × 80
TP 177micro	320 × 240	KTP600 Basic mono PN	115 × 86	5,7"	320 × 240
		KTP600 Basic color PN	115 × 86	5,7"	320 × 240
		KTP600 Basic color DP	115 × 86	5,7"	320 × 240
OP 73	160 × 48	KP300 Basic mono PN	87 × 31	3,6"	240 × 80
OP 77A	160 × 64	KP400 Basic color PN	95 × 53,8	4,3"	480 × 272
TP 177A	320 × 240	KTP600 Basic mono PN	115 × 86	5,7"	320 × 240
		KTP600 Basic color PN	115 × 86	5,7"	320 × 240
		KTP600 Basic color DP	115 × 86	5,7"	320 × 240

Basic-Panels 2nd Generation	Display		
	Maße B × H [mm]	Größe [Zoll]	Auflösung [Pixel]
KTP400 Basic	95 × 54	4,3"	480 × 272
KTP700 Basic	154 × 86	7"	800 × 480
KTP700 Basic DP	154 × 86	7"	800 × 480
KTP900 Basic	198 × 112	9"	800 × 480
KTP1200 Basic	261 × 163	12"	1280 × 800
KTP1200 Basic DP	261 × 163	12"	1280 × 800

Bild 5.80 *Ablösung Panel mit Einbaumaßen*

Wenn ein neues Panel bestellt werden muss, ist es also wichtig, vorher die Einbaumaße des alten Panels zu überprüfen und ein neues Panel mit denselben Maßen zu bestellen und einzubauen.

6 TIA-Portal Fehleranalyse

Die Darstellung im TIA-Portal mag auf den ersten Blick etwas unübersichtlich erscheinen, da die Menüs und Bedienungen sehr umfangreich sind. Bei näherer Betrachtung sind jedoch sämtliche wesentlichen Funktionen mit nur wenigen Mausklicks leicht zugänglich. Insbesondere bei den neueren Steuerungen der Typen S7-1200 und S7-1500 ermöglicht diese Plattform eine effiziente Fehlerlokalisation. Programmierfehler, Hardwarefehler, Vernetzungsfehler sowie Baugruppenfehler können online ermittelt werden.

Zusatzprogramme wie PLCSIM, SINAMICS und WinCC sind im TIA-Portal besser integriert und die neueste Hardware, einschließlich S7-1200 und S7-1500, bietet zusätzliche Eigenschaften, die Störungen minimieren und leichter behebbar machen. Bei der Bezeichnung „PLCSIM" im TIA-Portal handelt es sich um eine völlig neue Implementierung für die CPUs der S7-1200 und S7-1500 sowie der klassischen S7-300/-400 Steuerung.

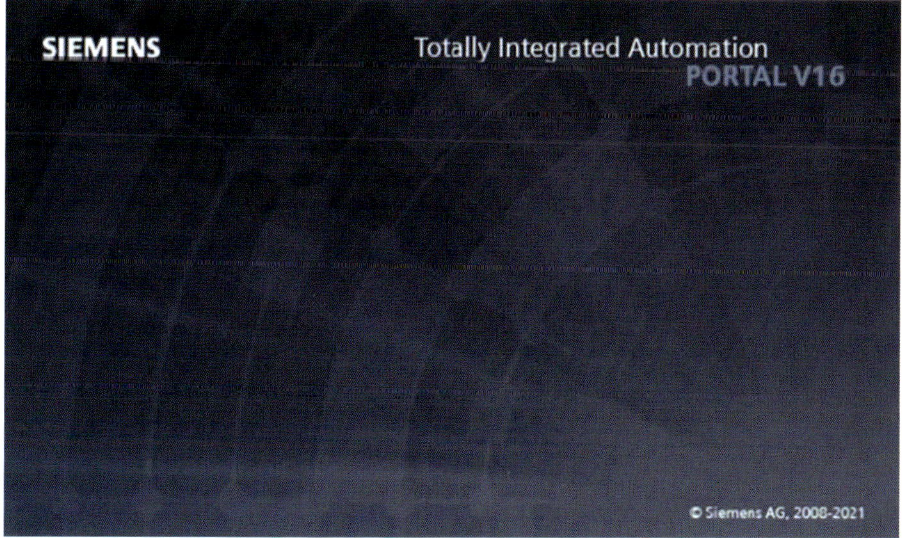

Bild 6.1 *TIA-Portal Startansicht*

6.1 TIA-Portalversion feststellen

Als erstes ist es wichtig, die TIA-Portalversion auf dem Programmiergerät zu identifizieren. Oftmals sind mehrere verschiedene Versionen auf einem Gerät installiert. Es muss dann diejenige Version ausgewählt werden, die dem fehlerhaften Programm entspricht. Dies stellt sicher, dass die richtige Umgebung für die Fehlerbehebung verwendet wird. Über *Hilfe* → *Installierte Software* lässt sich die auf dem Programmiergerät installierte TIA-Portalversion feststellen.

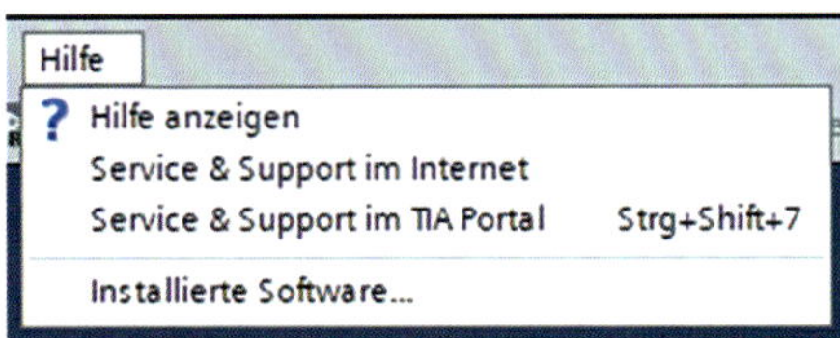

Bild 6.2 *Installierte Software*

Im Hilfefenster wird angezeigt, welche Version und welche Updates für die installierte Software vorhanden sind. Ein Update kann über die Schaltfläche „Nach Updates suchen" angestoßen werden.

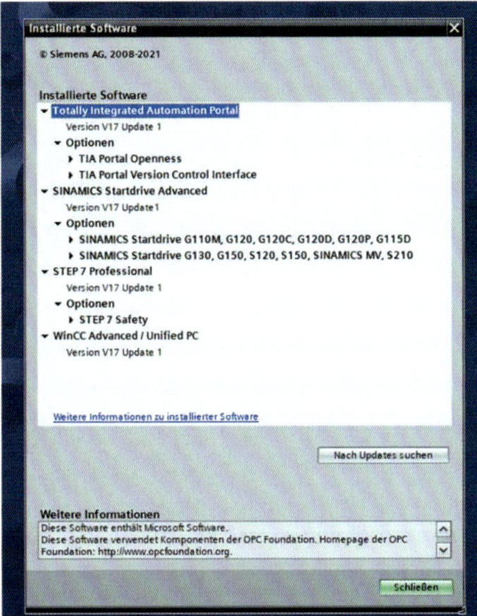

Bild 6.3 *TIA-Programmversion feststellen: Installierte Software*

6.2 Projektansicht

Da sich alle Komponenten an einer Stelle befinden, hat man einen schnellen Zugriff auf jeden Bereich eines Projekts. Beispielsweise zeigt das Inspektorfenster die Eigenschaften und weitere Informationen für das Objekt an, das im Arbeitsbereich ausgewählt wurde. Für die verschiedenen ausgewählten Objekte zeigt das Fenster jeweils die konfigurierbaren Eigenschaften. Das Inspektorfenster verfügt außerdem über Register, unter

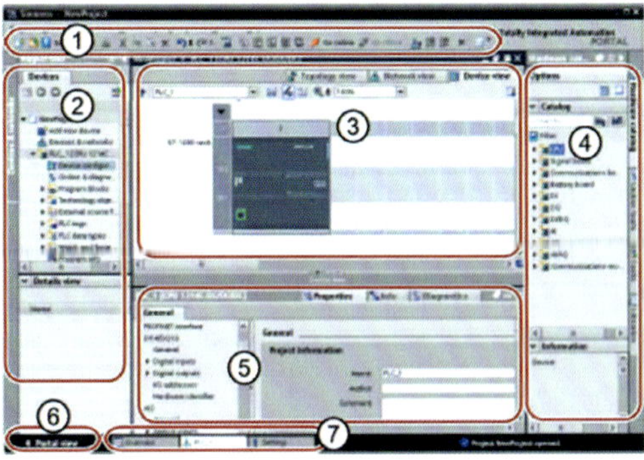

Projektansicht

① Menüs und Funktionsleiste
② Projektnavigator
③ Arbeitsbereich
④ Taskcards
⑤ Inspektorfenster
⑥ Änderungen an der Portalansicht
⑦ Editorleiste

Bild 6.4 *TIA-Portal Projektansicht*

denen Diagnoseinformationen und weitere Meldungen angezeigt werden. In der Editorleiste werden alle derzeit geöffneten Fenster angezeigt. Zum Umschalten zwischen geöffneten Editoren klickt man einfach auf das gewünschte Fenster.

6.3 Programmiersprachen

In Bild 6.5 ist der Programmiereditor dargestellt. Hier sieht man ein FC1 (Funktion), das in der Programmiersprache FUP programmiert wurde.

Eine Umschaltung des Codes in KOP ist möglich, nicht jedoch in S7-GRAPH, SCL oder AWL. Die Programmiersprache AWL kann bei den S7-1200-Steuerungen nicht mehr eingesetzt werden, bei den S7-1500-Steuerungen ist allerdings aus Kompatibilitätsgründen AWL noch einsetzbar. Alternativ programmiert man komplexe Funktionen in SCL und sequenzielle Abläufe in S7-GRAPH.

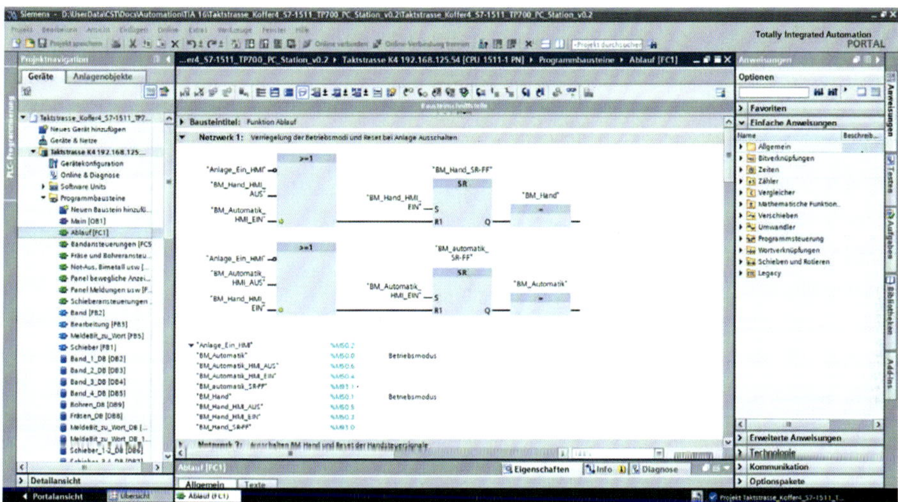

Bild 6.5 *TIA-Portal Projektansicht – Programmierung in FUP*

6.4 Verwendete Hardware

Damit Programmfehler behoben und online eine CPU beobachtet werden kann, muss das Projekt im TIA-Portal geöffnet bzw. dearchiviert werden. Das geht bei TIA-Portalversion 16 und neuer über den Pfad *Projekt → Öffnen* und bei TIA-Portalversion 15.1 und älter über *Projekt → Dearchivieren*. Um die tatsächlich verbaute Hardware im Schaltschrank mit der im Programm hinterlegten Hardware zu vergleichen, kann man sich die Bestellnummern auf den Baugruppen notieren oder sich online auf die SPS schalten und die Baugruppen-Diagnose öffnen. Wichtig ist, dass bei den Baugruppen der S7-1200 und S7-1500 auf die Version der projektierten und der verbauten Baugruppen geachtet wird.

6.4.1 Gerätekonfiguration

Die Gerätekonfiguration wird auf der linken Seite in der Projektnavigation geöffnet. Der Hardware-Katalog befindet sich im TIA-Portal auf der rechten Seite. Aus diesem Katalog können weitere Baugruppen in das Projekt eingefügt werden. Die Baugruppenbeschreibung steht in den Baugruppeneigenschaften unter *Allgemein → Kataloginformation*.

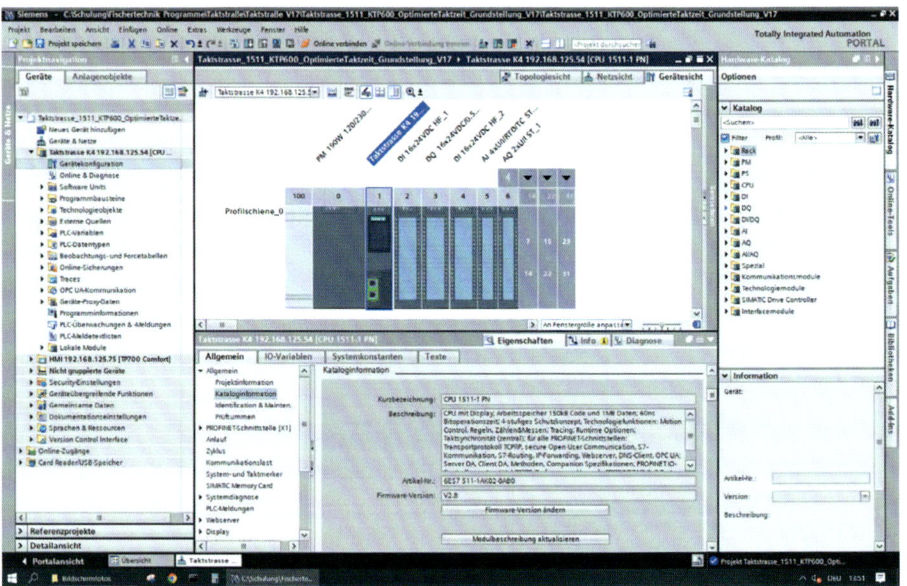

Bild 6.6 *Gerätekonfiguration*

6.4.2 Eingesetztes I/O-Bussystem

In der Netzsicht werden die konfektionierten Geräte und deren Verbindungen bzw. ihre Vernetzung untereinander angezeigt. Die Vernetzung, also die Leitungen zwischen den Geräten, ist die Grundlage der Verbindungen. In Bild 6.7 sind sie grün dargestellt als PROFINET-Vernetzung. Zusätzlich zur Vernetzung müssen Verbindungen konfektioniert werden, z. B eine HMI-Verbindung zur Kommunikation zwischen einer CPU und einem Panel.

6.4.3 Erreichbare Teilnehmer

Es gibt zwei Möglichkeiten, nach erreichbaren Teilnehmern im Netz zu suchen. Variante eins ist im Menüband unter *Online → Erreichbare Teilnehmer*. Die zweite Variante

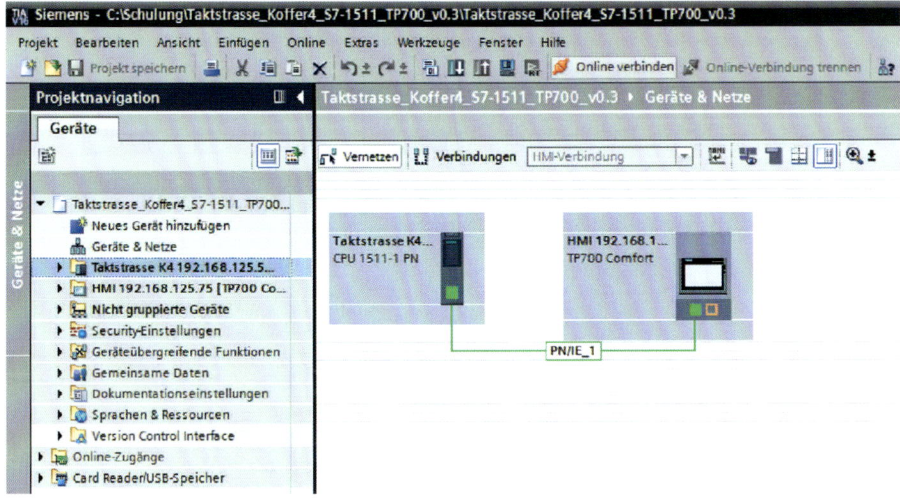

Bild 6.7 *Projektnavigation mit Gerätekonfiguration – Netzsicht*

befindet sich in der Projektnavigation unter Online-Zugänge. Hier werden alle möglichen Schnittstellen des aktuellen Programmiergeräts angezeigt. Wird die Schnittstelle ausgewählt, mit der die CPU verbunden ist, und wird dann *Erreichbare Teilnehmer* angewählt, zeigt das TIA-Portal eine Liste mit allen erreichbaren Teilnehmern (Bild 6.8).

6.5 Online/Offline-Programmvergleich

Vor Beginn einer Fehlersuche sollte ein Vergleich mit dem auf dem Programmiergerät vorhandenen SPS-Programm und dem Online-Programm auf der CPU durchgeführt werden. Die Codebausteine zweier Projekte können als Ganzes miteinander verglichen werden, nach entsprechender Auswahl auch zwei einzelne Codebausteine miteinander.

Dabei unterscheidet das TIA-Portal zwischen dem Vergleich zweier Projekte online und offline und dem Vergleich zweier Offline-Projekte.

Der Vergleich Online/Offline bietet sich an um zu prüfen, ob die im Programmiergerät vorhandene Programmversion mit dem online auf der CPU vorliegenden Projekt identisch ist.

6.5.1 Online-Verbinden

Nach einer Online-Verbindung im TIA-Portal sind auf der Oberfläche unterschiedliche Farbkreise zu sehen. Im TIA-Portal wird also bei jeder Onlineverbindung sofort auch ein Programmvergleich Online/Offline durchgeführt.

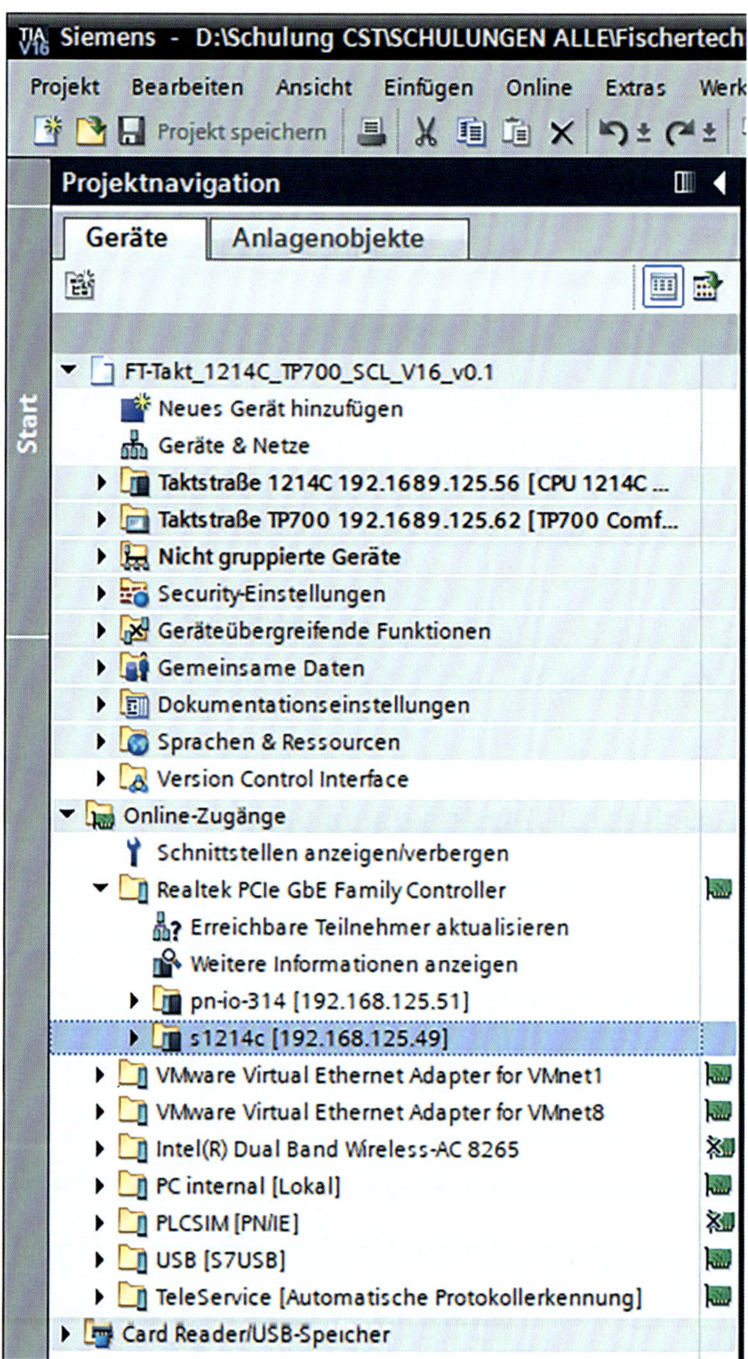

Bild 6.8 *Erreichbare Teilnehmer*

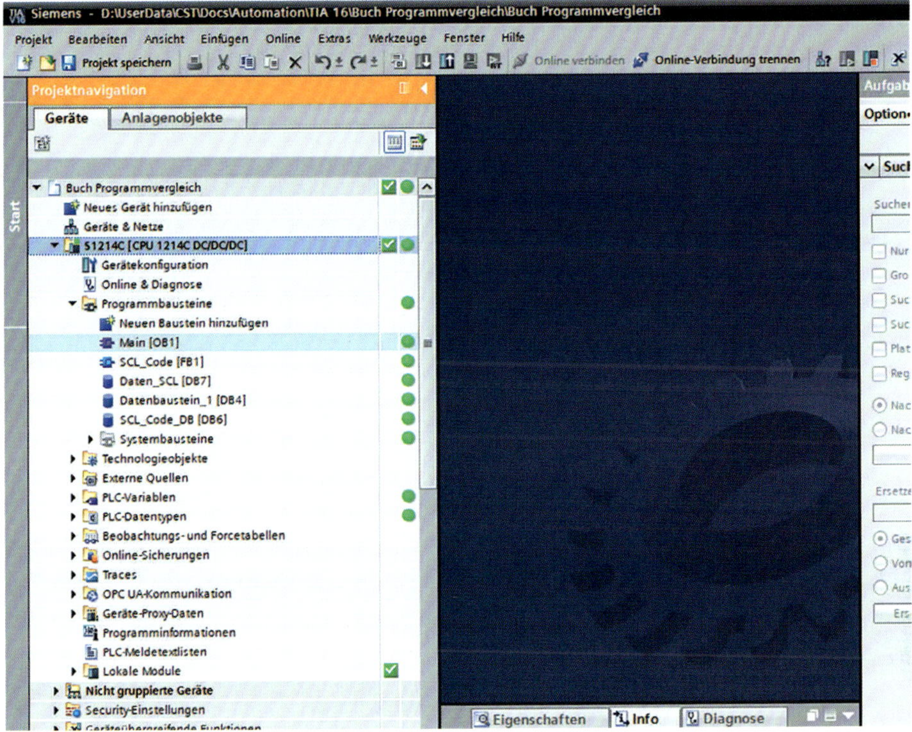

Bild 6.9 *Programmvergleich: Grüne Kreise bedeuten, dass die Programme online und offline identisch sind*

Ein grüner Kreis bedeutet: Der Stand offline und online ist gleich.

Bei Unterschieden im Programm wird ein Symbol aus zwei Kreisen angezeigt, bei denen die eine Hälfte blau, die andere orange ist: .

Wenn eine der beiden Häften nicht farbig ausgefüllt ist, bedeutet das, dass der Baustein im Offline- (blau) oder Online-Programm (orange) nicht existiert.

Der orange Kreis mit dem weißen Ausrufezeichen – in Bild 6.10 zu sehen – ist ein allgemeiner Indikator für Unstimmigkeiten. Hier weist er auf Unterschiede in den Programmbausteinen hin, insbesondere wenn die Programmbausteine komprimiert dargestellt werden und die einzelnen Objekte darin nicht sichtbar sind.

6.5.2 Vergleich von Projekten Online/Offline

Für einen Online/Offline-Vergleich von Projekten wählt man zunächst die CPU im Projekt aus und dann im Menü *Werkzeuge → Vergleichen → Offline/Online vergleichen*. Als

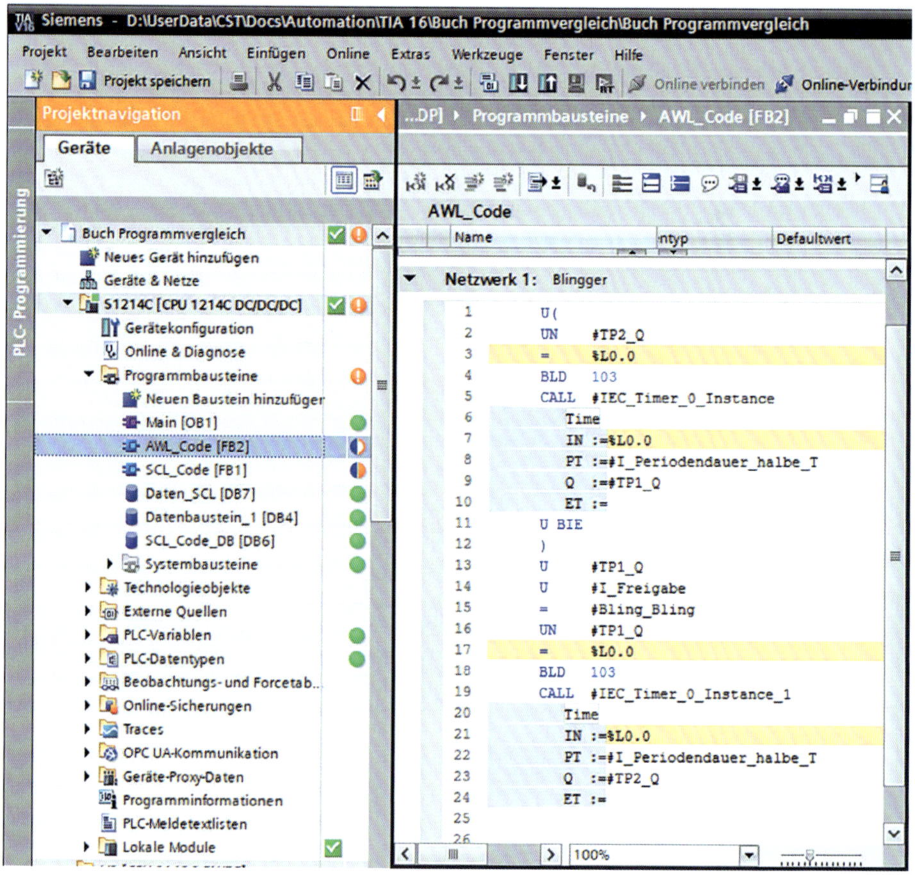

Bild 6.10 *Programmvergleich: Blau-orange Kreise bedeuten, dass Programme unterschiedlich sind*

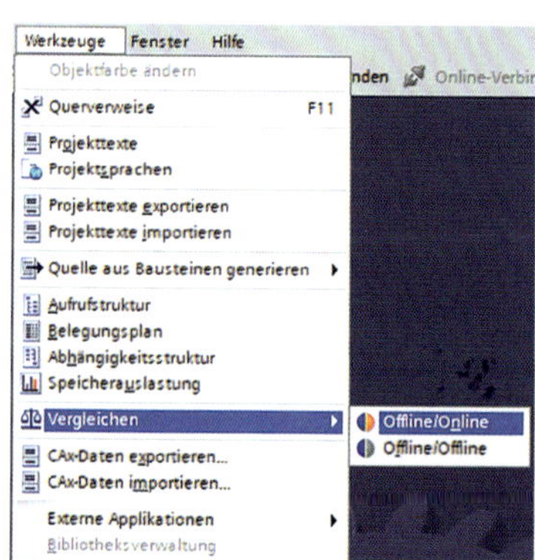

Bild 6.11 *Online/Offline-Vergleich*

zweite Möglichkeite kann der Vergleich über einen Rechtsklick auf die CPU im Projekt und Anwählen von *Vergleichen → Offline/Online* angestoßen werden (Bild 6.11).

In der Spalte „Aktion" eines Objekts wird ausgewählt, ob das Objekt gelöscht, keine Maßnahme durchgeführt oder das Objekt in das Gerät geladen werden soll. Durch Klicken auf die Schaltfläche „Synchronisieren" lädt man die Codebausteine.

Durch einen Rechtsklick in der Spalte „Vergleichen mit" auf ein Objekt und Auswählen von „Detaillierten Vergleich starten" werden die Codebausteine nebeneinander angezeigt (Bild 6.13). Dieser Detailvergleich zeigt Unterschiede zwischen den Codebausteinen der Online-CPU und den Codebausteine im Projekt.

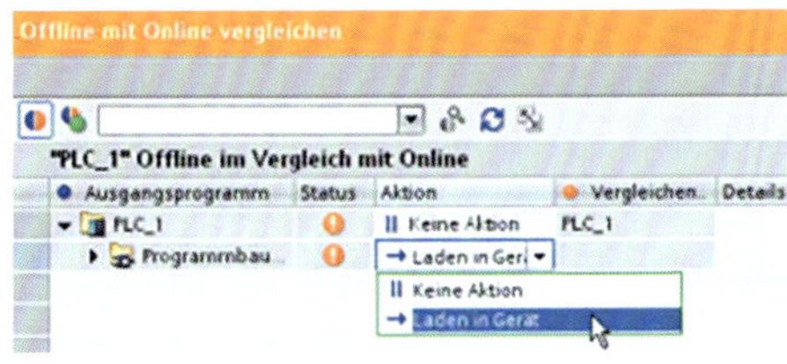

Bild 6.12 *Online/Offline: Aktion auswählen*

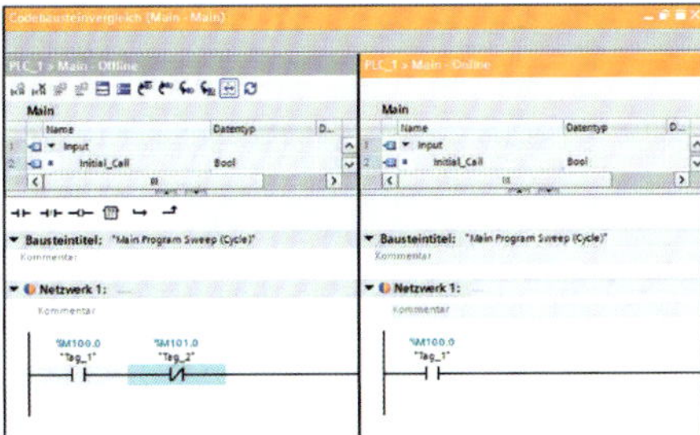

Bild 6.13 *Bausteinvergleich*

6.5.3 Offline/Online-Vergleich von Bausteinen

Durch Anklicken werden zwei Offline-Projekte für einen Offline/Online-Vergleich ausgewählt. Bei Unterschieden ändert sich die symbolische Darstellung der Kreise von blau-orange zu blau-grau. Ansonsten ist die Darstellung der beiden Projekte nebeneinander im Editorfenster identisch. Gleiche Bausteine werden mit einem grünen Kreis markiert. Per Rechtsklick auf den ersten Baustein öffnet sich ein Kontext-Menü. Über

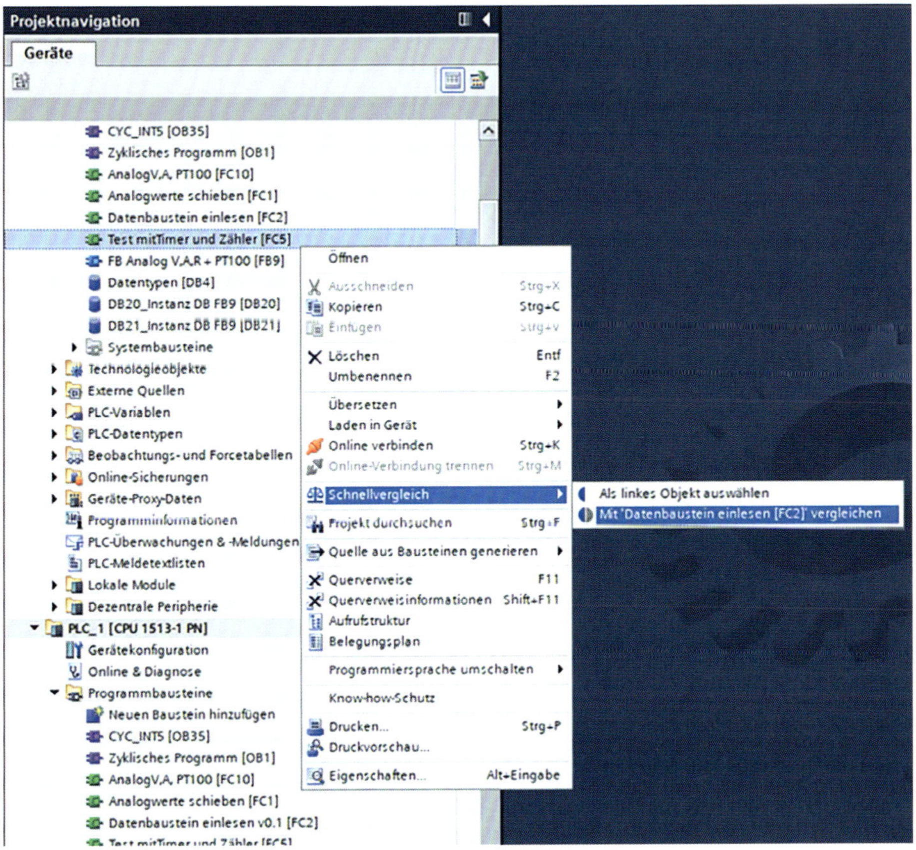

Bild 6.14 *Offline/Offline-Vergleich*

Schnellvergleich → Als linkes Objekt auswählen wird dann das linke darzustellende Objekt ausgewählt. Der Dialog schließt wieder. Für die Auswahl des zu vergleichenden Objektes geht man mit Rechtsklick auf den zweiten Baustein und wählt *Schnellvergleich → Mit „Baustein" vergleichen* (in Bild 6.14 ist der Baustein „Datenbaustein einlesen (FC2)" ausgewählt). Dieser Eintrag hat sich inhaltlich auf das vorher ausgewählte Objekt angepasst.

Es öffnet sich der Vergleichseditor und stellt beide gewählten Bausteine nebeneinander dar (Bild 6.15). In diesem Beispiel ist deutlich zu sehen, dass Netzwerk 1 in der S7-1513 (rechts) anders dargestellt wird als bei der S7-315 (links). Ebenso hat sich Netzwerk 2 in der Zieladresse des MOVE-Bausteins geändert.

Ein Schnellvergleich (Bausteinvergleich) ist nicht nur innerhalb eines Projektes zu realisieren, sondern funktioniert auch mit Bausteinen aus zwei verschiedenen Projekten. Hierzu wird das zweite Projekt als Referenzprojekt geöffnet und der Baustein ausgewählt, der verglichen werden soll.

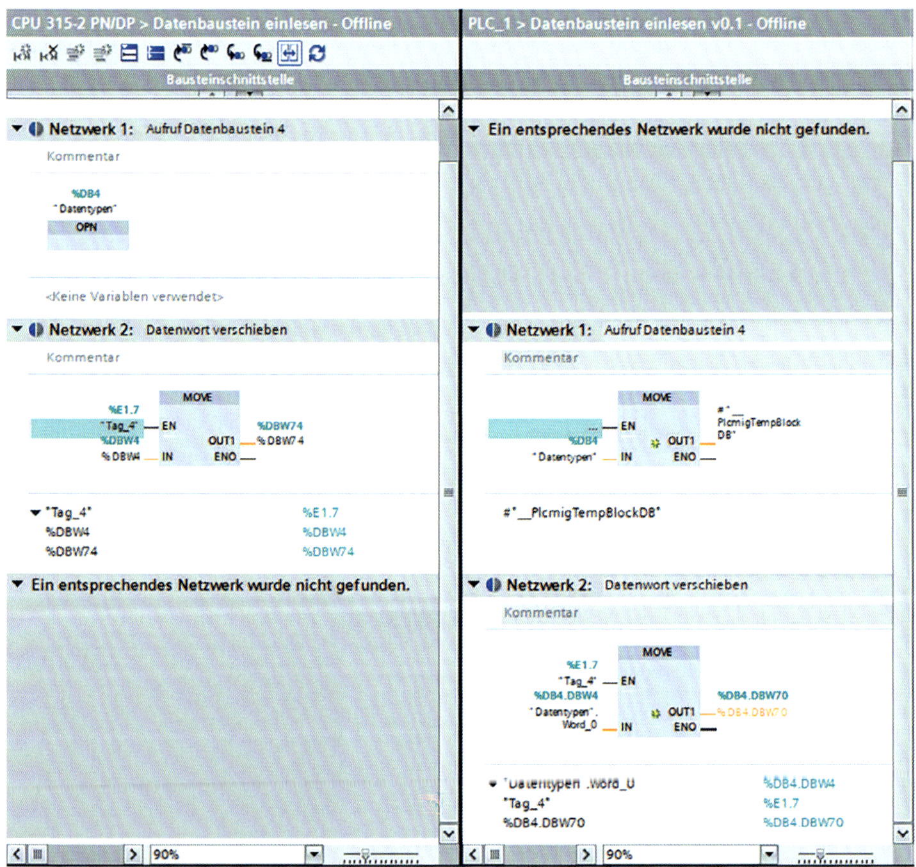

Bild 6.15 *Bausteinvergleich Offline/Offline*

6.6 Programmsicherung durchführen

6.6.1 Projektarchivierung

Nach Abschluss der Programmierung und der erfolgreichen Inbetriebnahme ist das Projekt sowohl auf dem Programmiergerät als auch in der CPU und dem Panel vorhanden. Im Menü *Projekt* findet sich die Archivierung, diese packt das Projekt in eine Datei und legt sie auf dem Programmiergerät, einem USB-Stick oder – am Besten – einem zentral verwalteten Server ab.

Diese gepackte Datei enthält das gesamte im TIA-Portal projektierte Projekt mit SPS, der Hardwareprojektierung, der Software, dem Panel mit Bildern, Frequenzumrichter usw. Zusätzlich werden Katalogdateien gespeichert, die für das Projekt erforderlich sind. Der Vorteil dieser Vorgehensweise ist die Portierbarkeit auf andere Programmiergeräte, die nicht ganz auf dem Level des aktuellen Programmiergerätes stehen. Die TIA-Portalversion muss natürlich übereinstimmen oder höher sein.

Als Option kann man der gepackten Datei einen Zeit-Datumsstempel anhängen.

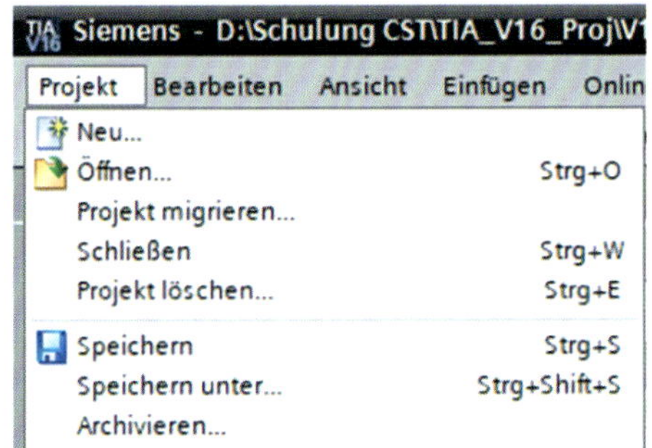

Bild 6.16 *Menü Projekt Archivieren*

6.6.2 Sicherung von Online-Gerät laden

Bei der Onlinesicherung stoppt die CPU; sie dient im Wesentlichen dazu, kurz Programmstände im Projekt zu sichern und bei Bedarf wiederherzustellen.

Sicherung von Online-Gerät laden ist ein Menüeintrag, der sich im Online-Menü finden lässt (Bild 6.26). Zum Aufruf benötigt man ein vollständiges Projekt, in dem die Hardware und das Programm lauffähig konfektioniert sind.

Beim Start wird ein Dialog ausgegeben, der nach einem Stopp der CPU verlangt (Bild 6.18). Der Stopp der CPU ist vielfach das Ausschlusskriterium für diese Sicherungsmethode. Der Laden-von-Gerät-Button ist nicht anwählbar, hier muss erst der rot unterlegte Eintrag *keine Aktion* näher betrachtet werden.

Nach der Auswahl von *Baugruppe stoppen* ist auch der Laden-von-Gerät-Button anwählbar.

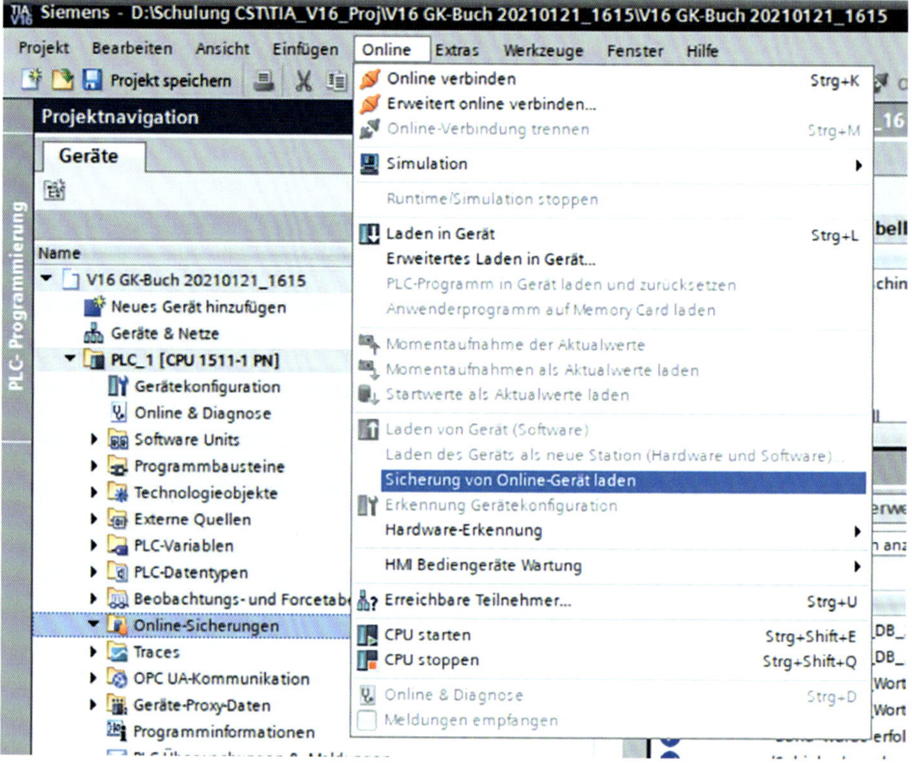

Bild 6.17 *Projektnavigation: Sicherung von Online-Gerät laden*

Durch die Auswahl von *Laden-von-Gerät* wird dann in der Projektnavigation unter den Online-Sicherungen eine Datensicherung mit Zeitstempel hinterlegt.

Diese Sicherung ist primär für den Inbetriebnehmer geeignet, um temporäre Softwarestände zu sichern und bei Bedarf zu diesen zurückzukehren.

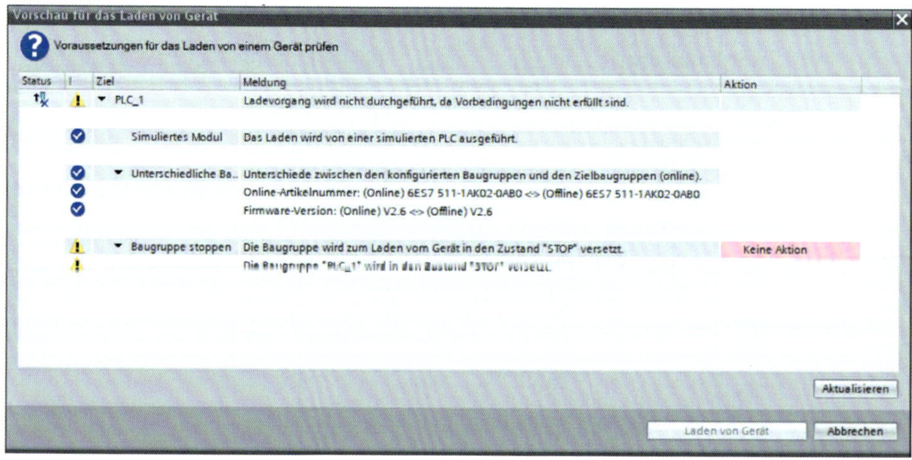

Bild 6.18 *Vorschau für das Laden von Gerät – keine Aktion*

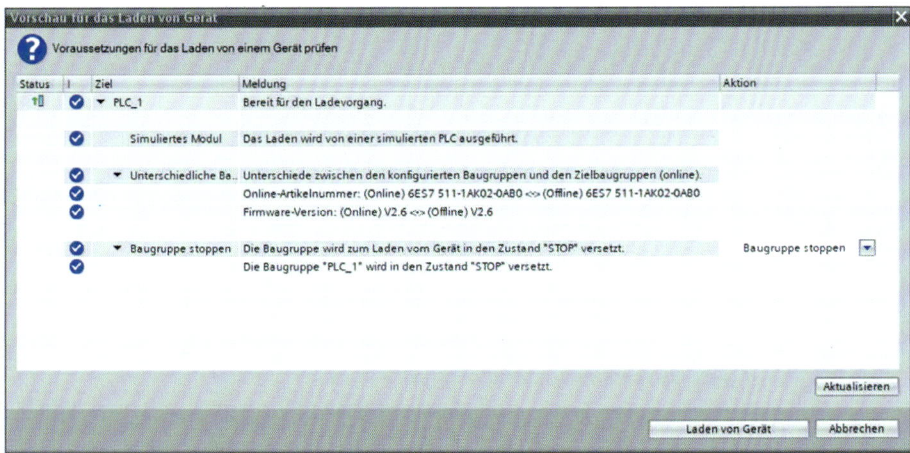

Bild 6.19 *Vorschau für das Laden von Gerät – Baugruppe stoppen*

6.6.3 Laden von Gerät (Software)

Um ein aktuell laufendes Projekt herunterzuladen, gibt es zwei Möglichkeiten. Die erste ist das Anwählen von *Laden von Gerät (Software)* (Bild 6.20).

Hierbei wird ein altes Projekt aktualisiert, in diesem Projekt sich online mit der CPU verbunden und dann *Online → Laden von Gerät* angewählt.

Der Eintrag ist im Online-Menü erst einmal ausgegraut und damit nicht anwählbar. Mit Aufbau einer Online-Verbindung ändert sich die Darstellung. Der Dialog *Vorschau für das Laden von Gerät* öffnet sich, *Fortfahren* muss angehakt werden, dann kann der

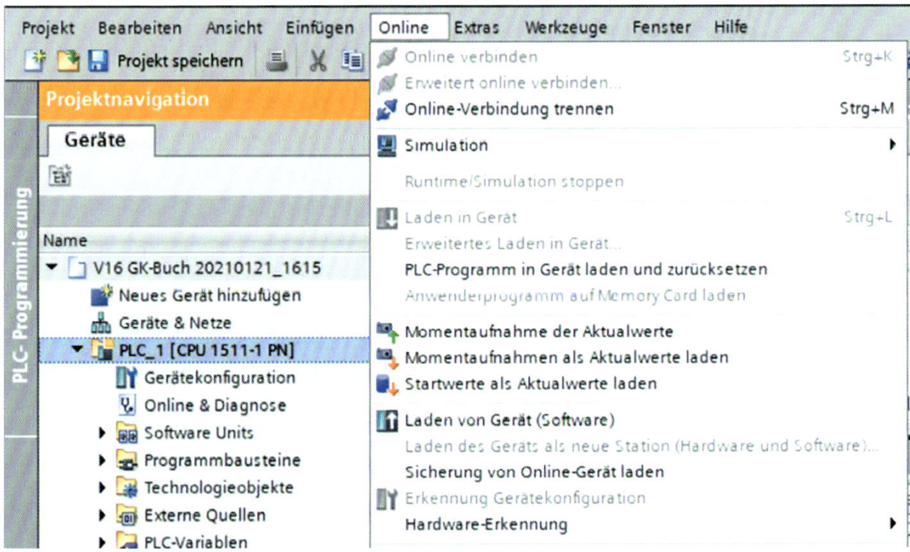

Bild 6.20 *Laden von Gerät*

Ladevorgang beginnen. Die kleinen Informationen in der Spalte *Meldungen* liefern Erkenntnisse über den Ausgang der Aktion.

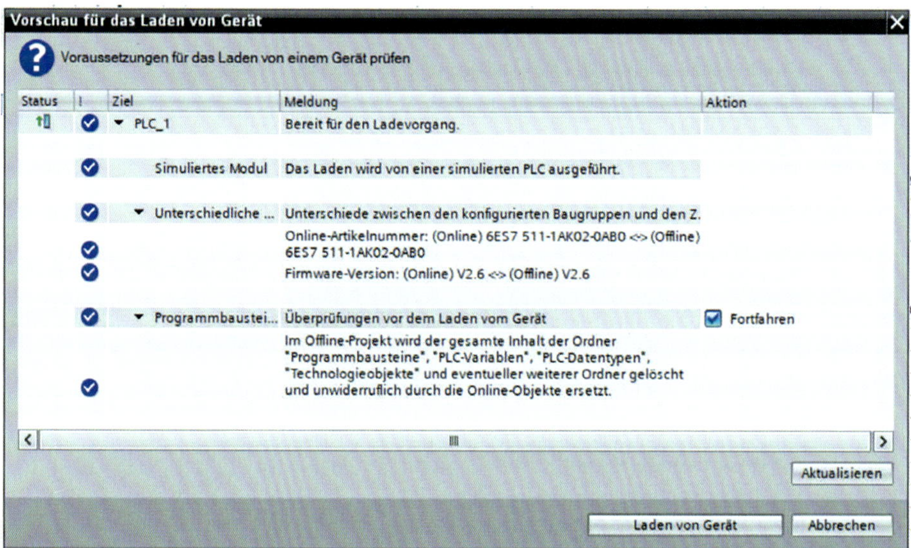

Bild 6.21 *Vorschau für Laden von Gerät*

6.6.4 Laden des Geräts als neue Station (Hardware und Software)

Die zweiten Variante, um ein Programm von eine CPU zu laden, findet sich ebenfalls im Menü *Online* und man erreicht sie durch das folgende Vorgehen.

Der Fokus der Maus liegt in der Projektnavigation auf *Neues Gerät hinzufügen*. Dann wird im Menü-Band *Online* → *Laden des Gerätes als neue Station (Hard und Software)* betätigt. Der Vorteil dieser Variante bei S7-1200 und S7-1500 ist, dass die Hardware mit den kompletten Einstellungen und der Programmcode mit Symbolik und Kommentaren in das aktuelle Projekt geladen wird. Ist dieses Projekt leer, so wird eine SPS mit Hard- und Software angelegt. Ist das Projekt nicht leer, so prüft das TIA-Portal, ob es Übereinstimmungen in der Benennung der CPU gibt. Wenn ja, bricht es die Übertragung ab und ein neues Projekt muss erstellt werden.

Da sich die Übertragung auch auf die Hardware bezieht, wird die CPU gestoppt.

6.6.5 Datensicherung des Panels

Die Datensicherung von den Panels ist nicht so weit entwickelt wie die der SPS. Hier ist kein Laden auf das Programmiergerät möglich, einzig mit einem USB-Stick oder einer SD-Karte lassen sich Datensicherungen bei einer Auswahl von Panels anfertigen. Die Datensicherung lässt sich auf dem Programmiergerät auch nicht einlesen, nur das Zurückspielen auf ein Panel gleicher Bauart ist möglich. Hier ist also sehr viel Sorgfalt auf die Archivierung des Projektes mit dem Panelprojekt zu legen.

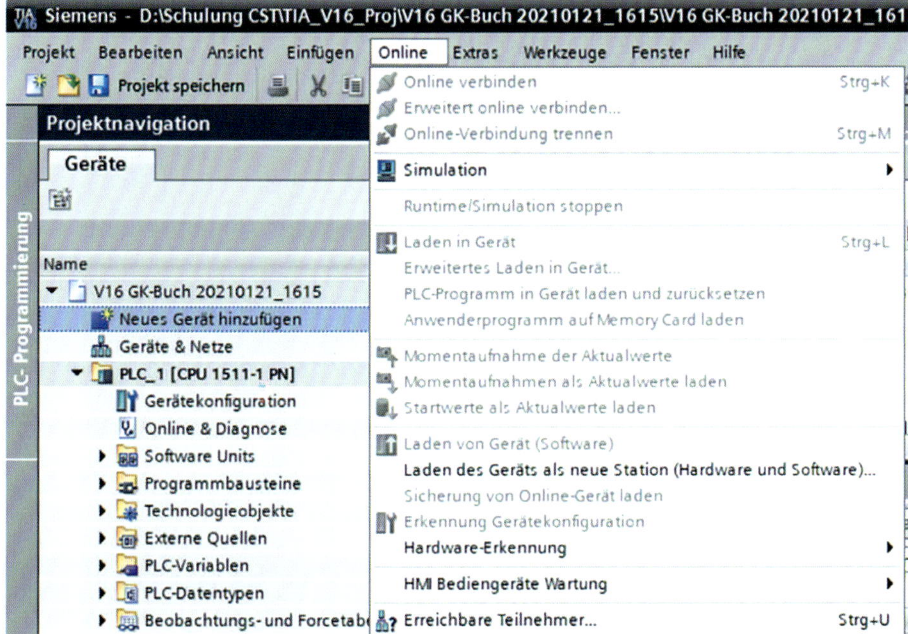

Bild 6.22 *Online-Menü: Laden des Geräts als neue Station*

6.7 Online und Diagnose

Bei einem ungeplanten Stopp der CPU wird eine Fehler-LED angesteuert. Über die Ursachen des Stopps findet man Hinweise im Diagnosepuffer der CPU, sofern die Meldungen dorthin abgesetzt werden. Das Absetzen der Meldungen und die Größe des Diagnosepuffers werden bei der S7-300- und S7-400-Baureihe in den Einstellungen der CPU vorgenommen. Bei CPU der S7-1200- und S7-1500-Baureihe ist die Größe des Diagnosepuffers nicht mehr einstellbar. Die CPU der S7-1500-Baureihe bieten zusätzlich eine Darstellung des Diagnosepuffer im Display der CPU, neben diversen anderen Parametern, die zur Lösung beitragen können. Zum Auslesen des Diagnosepuffers mit dem Programmiergerät ist eine Online-Verbindung zur CPU erforderlich.

Auch für die Diagnose ist ein Online-Zugriff erforderlich, welcher über *Online verbinden* aktiviert werden kann.

Nach Aufbau der Online-Verbindung – sichtbar an der orange unterlegten Kopfzeile – füllen sich die Menüs mit aktuellen Werten von der CPU. Rechts in den Online Tools wird der Betriebszustand der CPU angezeigt und man hat die Möglichkeit, die CPU zu starten oder zu stoppen. Weiterhin werden auch Zykluszeit und Speicher angezeigt. Nach der Anwahl des Diagnosepuffers werden umfangreiche Informationen verfügbar.

Dreh- und Angelpunkt ist der Diagnosepuffer der CPU. Hier werden stichwortartig die wesentlichen Merkmale der Störung mit einem Zeitstempel abgelegt. Nähere Informationen finden sich unter den Details zum Ereignis. Man beachte die Symbolik am rechten Rand des Diagnosepuffers (Bild 6.26), die einen schnellen Überblick über die wesentlichen Störungen ermöglicht.

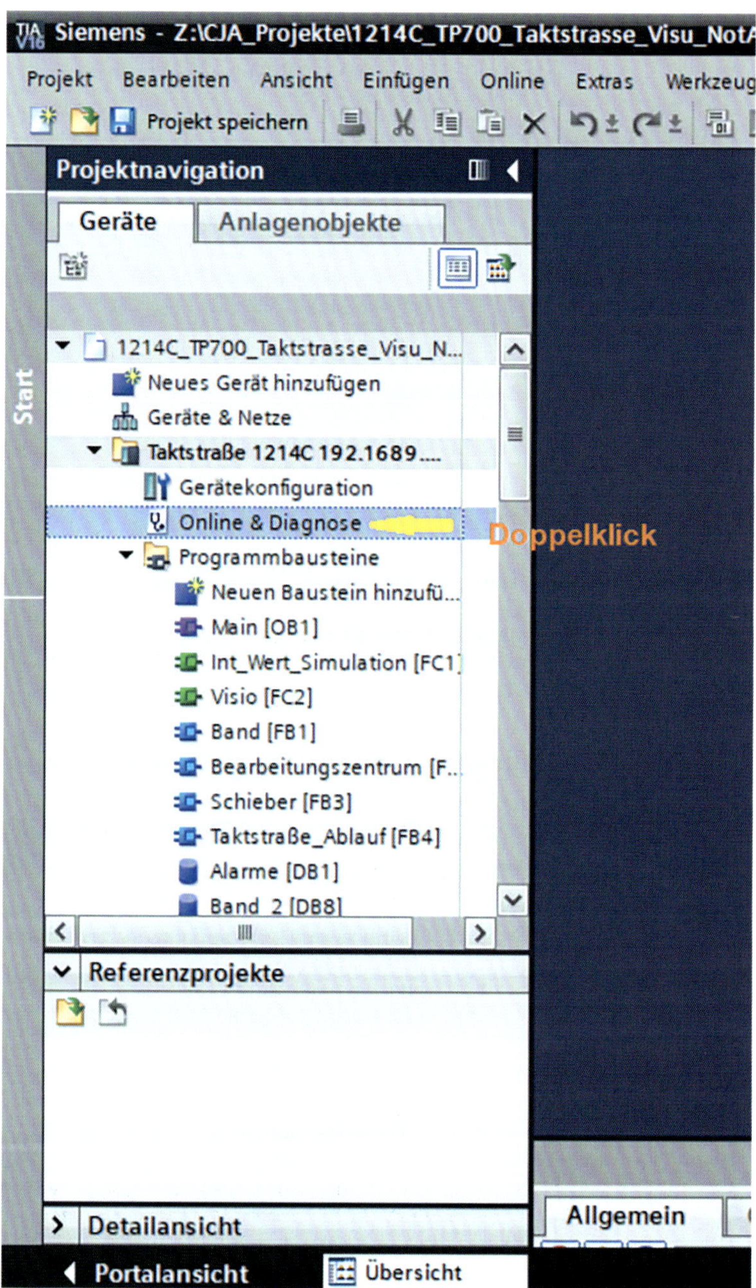

Bild 6.23 Aufruf von Online und Diagnose aus der Projektnavigation

Die Details liefern konkrete Hinweise auf die Ursachen des Problems und bieten auch Hilfen, um den passenden Fehler-OB zu bestimmen. Damit wird das Problem nicht endgültig gelöst, aber zumindest wird der Stopp der CPU verhindert.

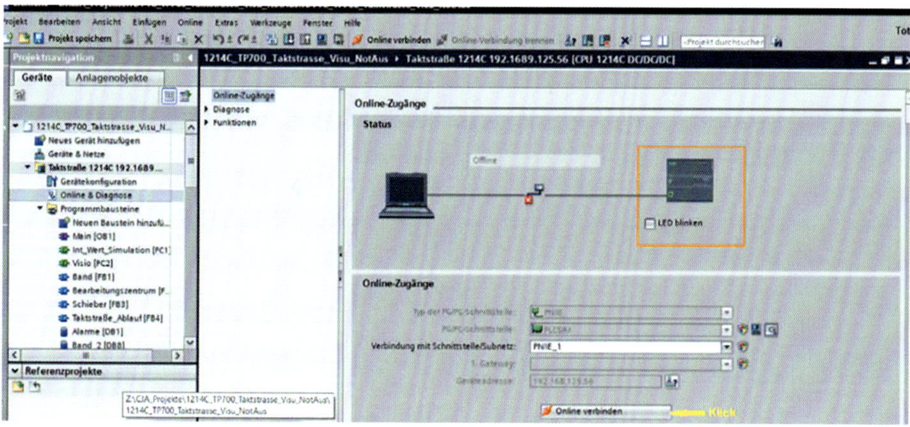

Bild 6.24 *Dialog Onlinezugänge mit Diagnose und Funktionen*

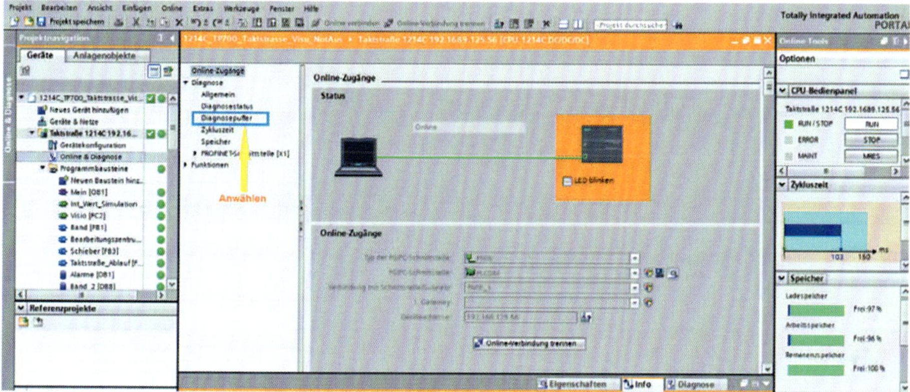

Bild 6.25 *Dialog Online-Zugänge, Auswahl Diagnosepuffer*

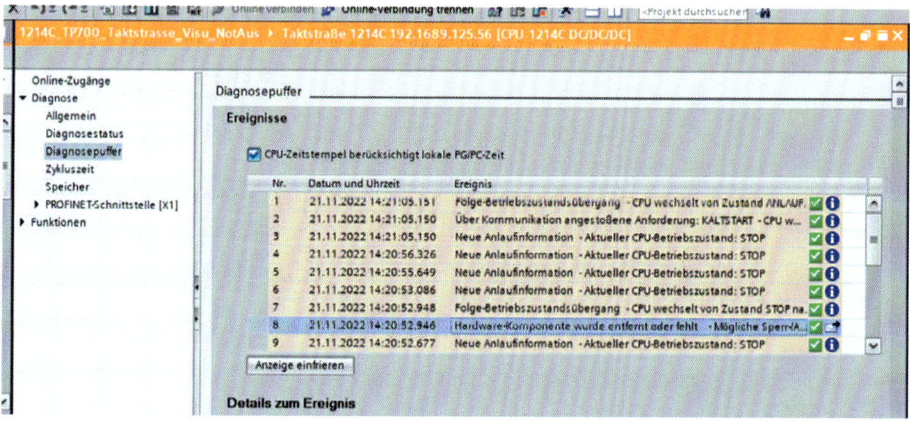

Bild 6.26 *Dialog Online-Zugänge, Diagnose, Diagnosepuffer, Ergebnisse*

In den Diagnosepuffer-Einstellungen ist anwählbar, welche Ereignisse im Diagnosepuffer ausgewertet werden sollen (Bild 6.28).

Wenn schon nach Aufbau einer Online-Verbindung ein Fehler in einer untergelagerten Komponente signalisiert wird, lohnt es sich, in der Netzsicht nach dem störenden bzw. gestörten Gerät zu suchen.

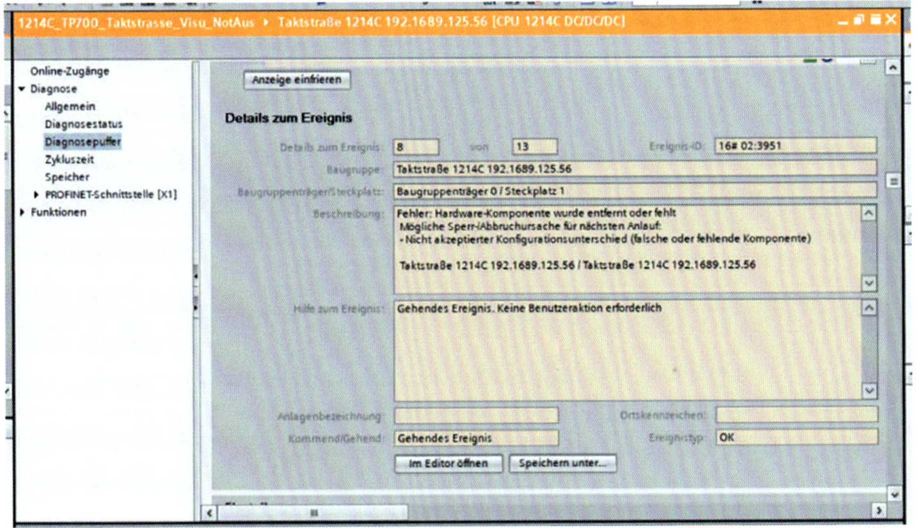

Bild 6.27 *Dialog Online-Zugänge, Diagnose, Diagnosepuffer, Details zum Ereignis*

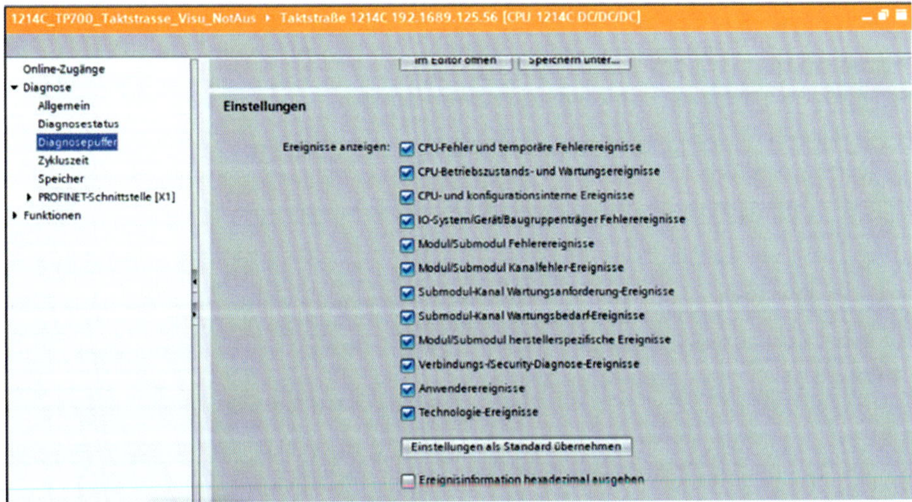

Bild 6.28 *Dialog Online-Zugänge, Diagnose, Diagnosepuffer, Einstellungen*

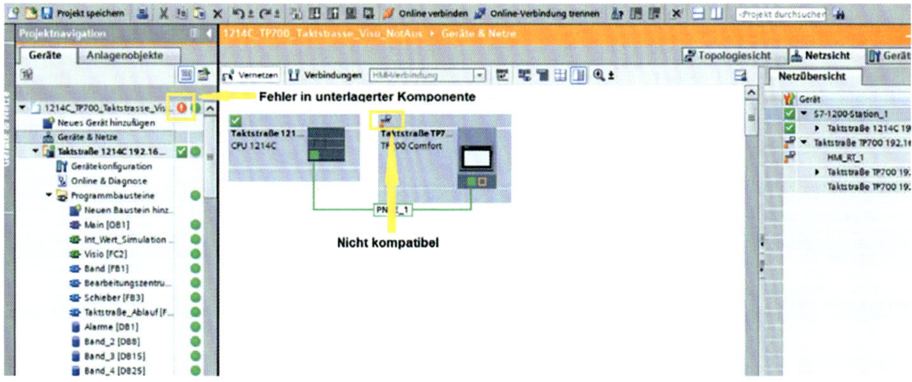

Bild 6.29 *Gerätekonfiguration, Netzsicht online*

6.8 Fehler-OB im TIA-Portal

Geht die CPU aufgrund eines Fehlers in den Betriebszustand STOP, so werden Meldungen in den Diagnosepuffer der CPU abgesetzt. Im Diagnosepuffer werden hilfreiche Hinweise

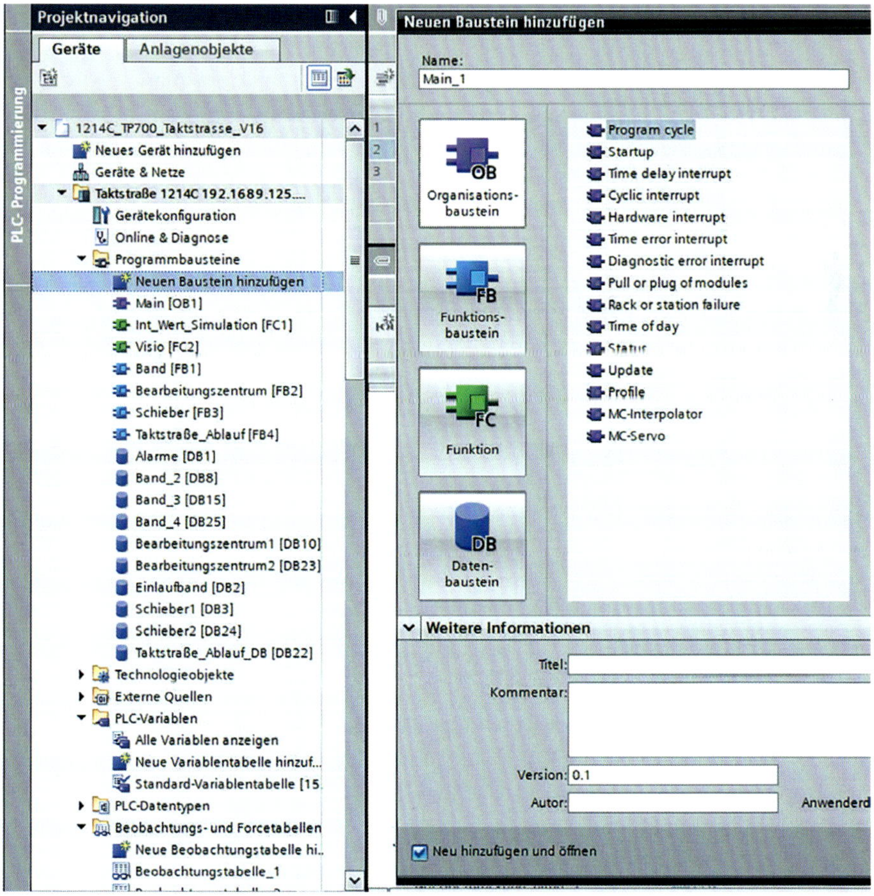

Bild 6.30 *Funktionsbausteine zur Fehlerauswertung – Organisationsbausteine*

zum Zustandekommen des Fehlers und zu Lösungsmöglichkeiten dargelegt. Zu den Lösungsmöglichkeiten zählen bestimmte Organisationsbausteine – Fehler-OB –, die den Stop der CPU verhindern. Zusätzlich kann in den Fehler-OB Programmcode hinterlegt werden, um das Auftreten dieses Fehlertyps zu behandeln, im einfachsten Fall zu dessen Signalisierung. Diese CPU-Funktionsbausteine zur Fehlerauswertung verhindern nicht den Fehler, sondern nur den Stop der CPU.

Nicht alle OB sind zur Fehlerbehandlung vorgesehen.

6.9 Programm online öffnen, beobachten und steuern

6.9.1 Beobachtungstabelle zur Signalverfolgung

Für die Programmentwicklung und auch die Fehlersuche stehen verschiedene Hilfsmittel zur Verfügung, unter anderem die Beobachtungs- und Forcetabellen.

Die Beobachtungstabellen werden individuell angelegt. Zu einem Entwicklungsprojekt kann man eine oder mehrere Beobachtungstabellen anlegen, ganz allgemein für Ein- und Ausgänge oder für Datenbausteinelemente – wenn man nicht den gesamten Datenbaustein beobachten möchte. Die Beobachtungstabellen werden prinzipiell nur auf dem Programmiergerät gespeichert, es sei denn, man richtet einen Webserver auf der CPU ein und zeigt die Beobachtungstabelle dort an.

Die Beobachtungstabelle wird auf das Problem zugeschnitten, man stellt dort alle wichtigen Elemente in den Datentypen und Darstellungsformaten, die man zum Beobachten benötigt, dar. In Einzelfällen kann auch eine Variable in unterschiedlichen Formaten oder in Ausschnitten dargestellt werden. Das ist beim Beobachten im Netzwerk nicht immer möglich. Auch hat man innerhalb der Beobachtungstabellen bei schnell veränderlichen Signalen einen kleinen Geschwindigkeitsvorteil gegenüber dem Beobachten in Netzwerken. Das Steuern von Variablen, ggf. auch von Timern und Zählern, kann über die Beobachtungstabelle erfolgen. Wenn die Onlineverbindung zur CPU getrennt wird, können keine Variablen mehr über die Beobachtungstabelle gesteuert werden.

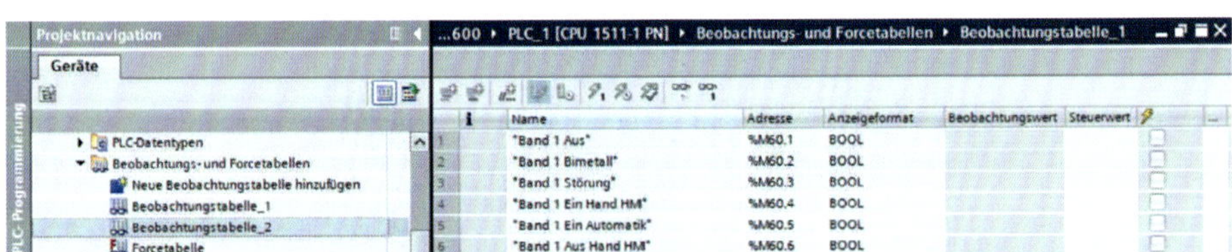

Bild 6.31 *Beobachtungstabelle ohne Onlineverbindung*

Erst mit Aufbau der Online-Verbindung werden die Signalzustände in der Spalte *Beobachtungswert* korrekt dargestellt.

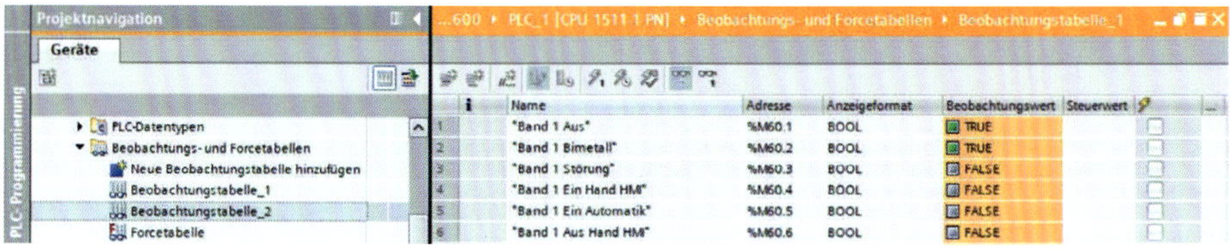

i	Name	Adresse	Anzeigeformat	Beobachtungswert	Steuerwert
1	"Band 1 Aus"	%M60.1	BOOL	TRUE	
2	"Band 1 Bimetall"	%M60.2	BOOL	TRUE	
3	"Band 1 Störung"	%M60.3	BOOL	FALSE	
4	"Band 1 Ein Hand HMI"	%M60.4	BOOL	FALSE	
5	"Band 1 Ein Automatik"	%M60.5	BOOL	FALSE	
6	"Band 1 Aus Hand HMI"	%M60.6	BOOL	FALSE	

Bild 6.32 *Beobachtungstabelle mit Onlineverbindung*

6.9.2 Forcetabelle

Eine Forcetabelle ist ein Hilfsmittel, um Force-Aufträge an die CPU zu übermitteln und dort dauerhaft zu speichern. Diese Tabelle ist unter *Beobachtungs- und Forcetabelle* zu finden. Es kann keine weitere Forcetabelle angelegt werden.

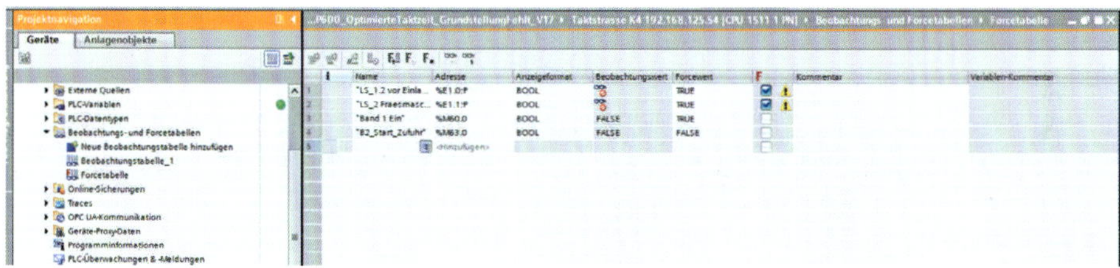

Bild 6.33 *Forcetabelle*

Die Variable, die geforced werden soll, wird selektiert. Durch Betätigung des Icons „Forcen" wird der Force-Auftrag an die CPU übermittelt und dort gespeichert.

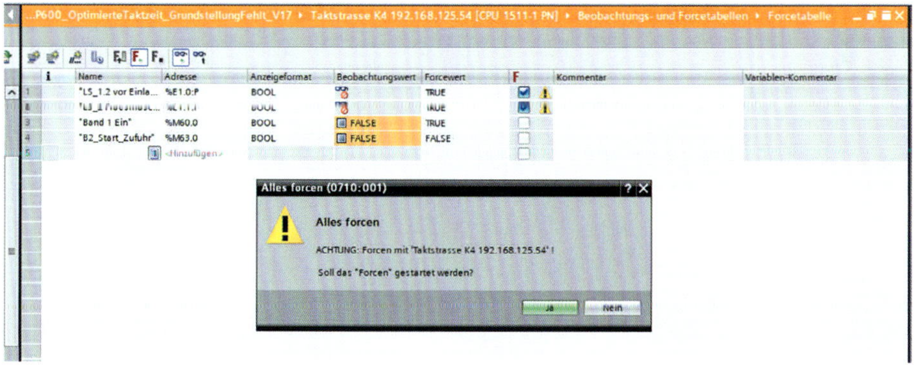

Bild 6.34 *Forcetabelle starten*

Der aktive Force-Auftrag wird in der Force- und PLC-Variablentabellen sowie an der CPU mit einer leuchtenden Maint-LED deutlich signalisiert.

Da alle Forcewerte auf der CPU gespeichert werden, auch über einen Stromausfall oder eine Abschaltung hinaus, müssen diese bei Bedarf händisch wieder gelöscht werden. Bei einem Trennen der Online-Verbindung sind die Forcewerte weiterhin aktiv.

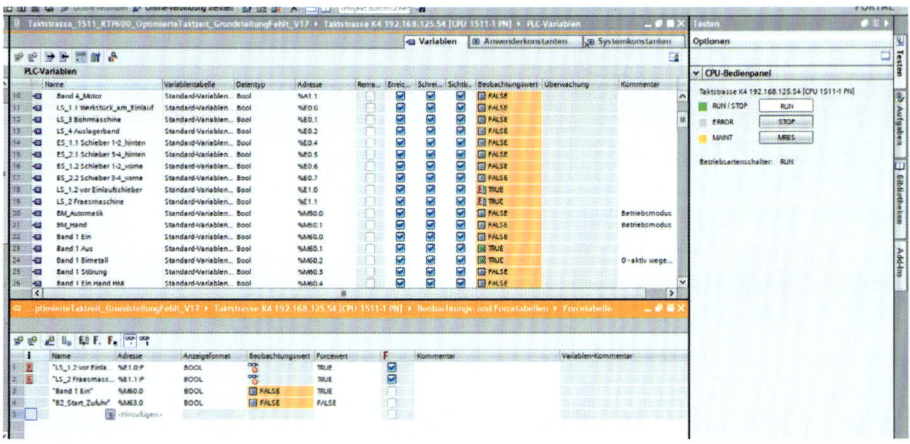

Bild 6.35 *Forcetabelle und PLC-Variablentabelle mit aktivem Forcen*

Um einen Force-Auftrag zu beenden, müssen alle Forcewerte auf FALSE gesetzt und neu an die CPU übertragen werden. Sobald die Maint-LED-Lampe an der CPU erlischt, sind alle Force-Aufträge deaktiviert. Aus Sicherheitsgründen und um einen Eingriff in die laufende Anlage zu vermeiden, sollten die kompletten Variablen aus der Forcetabelle entfernt werden.

Als Beispiel wurde in Bild 6.36 der Eingang E0.0 Start_Blinker auf TRUE geforced. An der CPU wird dieser aktive Force-Auftrag durch Ansteuerung der Maint-LED (Maintenance-LED, Wartungs-LED) angezeigt.

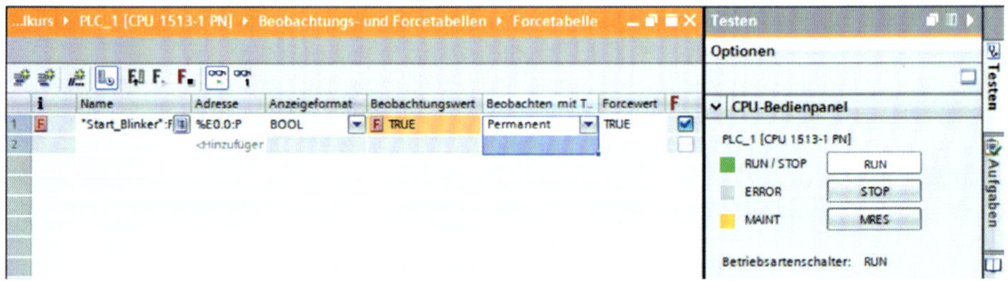

Bild 6.36 *Forcetabelle mit Onlineverbindung und aktivem Force-Auftrag*

6.9.3 Querverweise im Editorfenster

Eines der wichtigsten Werkzeuge im TIA-Portal sind die Querverweise. Hier ist zu sehen, welche Variable wo und wie gelesen oder geschrieben wird. Bei der Fehlersuche und Signalverfolgung sind die Querverweise ein unverzichtbares Hilfsmittel. Anders als im STEP7-Manager wird die Variante *Gehe zu* im TIA-Portal nicht mehr verwendet, da mit *Gehe zu* im TIA-Portal nur noch im geöffneten Baustein zur Verwendungsstelle gesprungen werden kann.

Im Menü *Werkzeuge* besteht die Möglichkeit, für das jeweilige Objekt im Fokus eine Querverweisliste aufzurufen. Die Querverweisliste wird dann im Editorfenster angezeigt.

Bei einem anschließenden Wechsel des Fokus wird sie nicht aktualisiert, so wie die Querverweisliste im Inspektorfenster behandelt.

Das mag erst einmal als Nachteil angesehen werden, bietet aber die Möglichkeit, mehrere Objekte in mehreren Querverweislisten miteinander zu vergleichen. Die Umschaltung geschieht dabei über die Fensterbuttons unterhalb des Inspektorfenster.

In der Regel wird die Querverweisliste im unteren Inspektorfenster benutzt, um Variablen im Editorfenster zu verfolgen. Im Editorfenster sind Netzwerke, PLC-Variablentabellen, Belegungspläne etc. darstellbar, auch nebeneinander, wie in Bild 6.37 zu sehen. Links ist der Fokus auf der Funktion, rechts liegt der Fokus auf einem Datenbaustein. Unten im Inspektorfenster liegt der Fokus auf dem Organisationsbaustein Main.

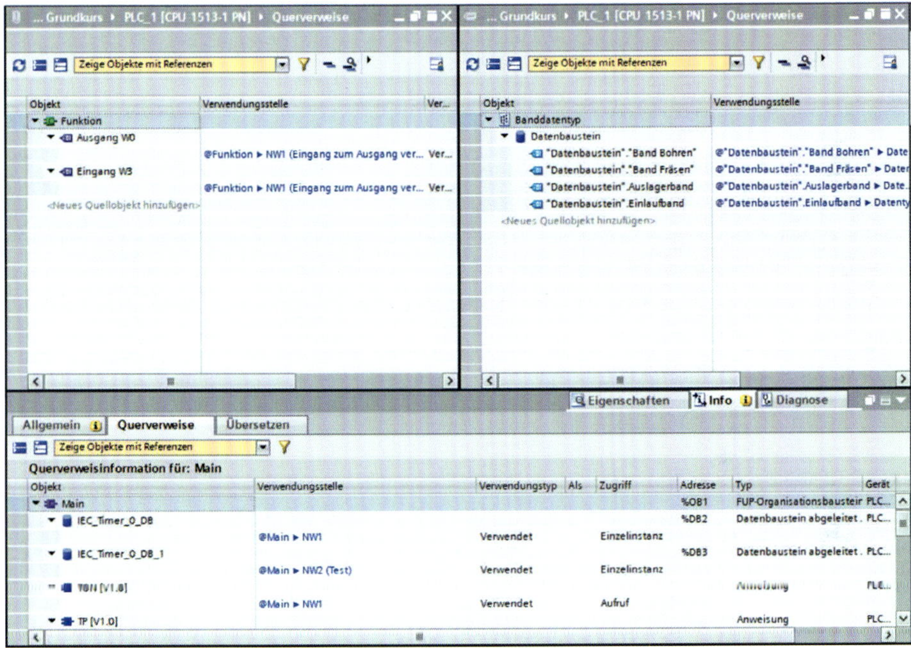

Bild 6.37 *Vertikal geteiltes Editorfenster*

Der überlappende Zugriff auf Speicherbereiche wird allein in der Querverweisliste im Editorfenster dargestellt bzw. ist dort aktivierbar. Zusätzlich ist die Überlappung auch in den Programminformationen und dem Belegungsplan visualisiert. Letztlich muss man anhand des Programmcodes entscheiden, ob der überlappende Zugriff zulässig und richtig ist.

6.9.4 Querverweise im Inspektorfenster

Da das Inspektorfenster immer verfügbar ist, kann über den Punkt *Info und Querverweise* die Querverweisliste permanent verfügbar gehalten werden. Für das Objekt im Fokus werden die Querverweise aktualisiert und dargestellt. Das Objekt kann eine Variable aus

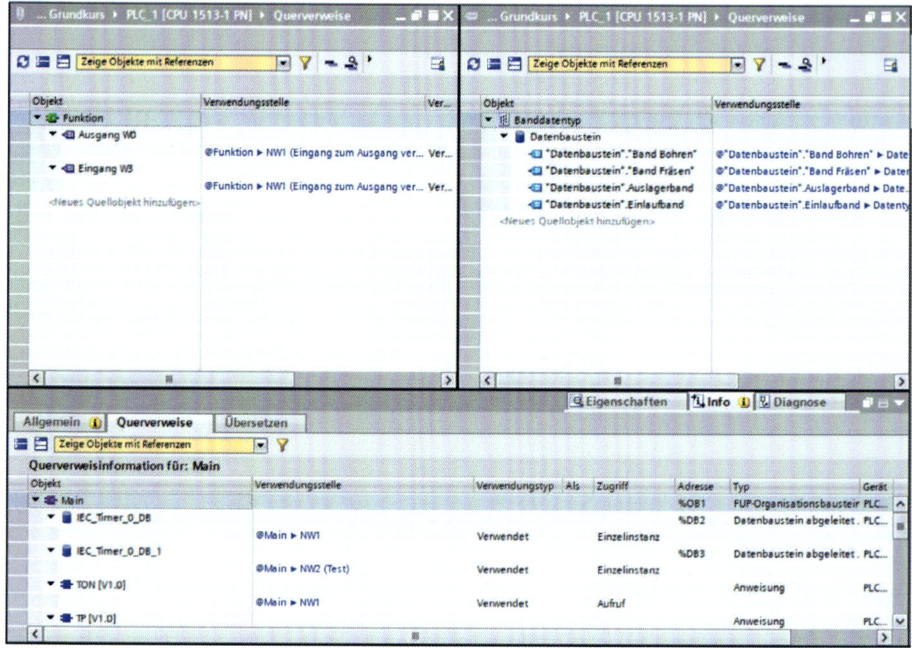

Bild 6.38 *Querverweise im Editorfenster*

dem Programm im Editorfenster sein, ein Ein- oder Ausgang, ein Merker, ein Programmbaustein aus der Projektnavigation oder eine Variable aus einem Datenbaustein aus der Detailansicht usw.

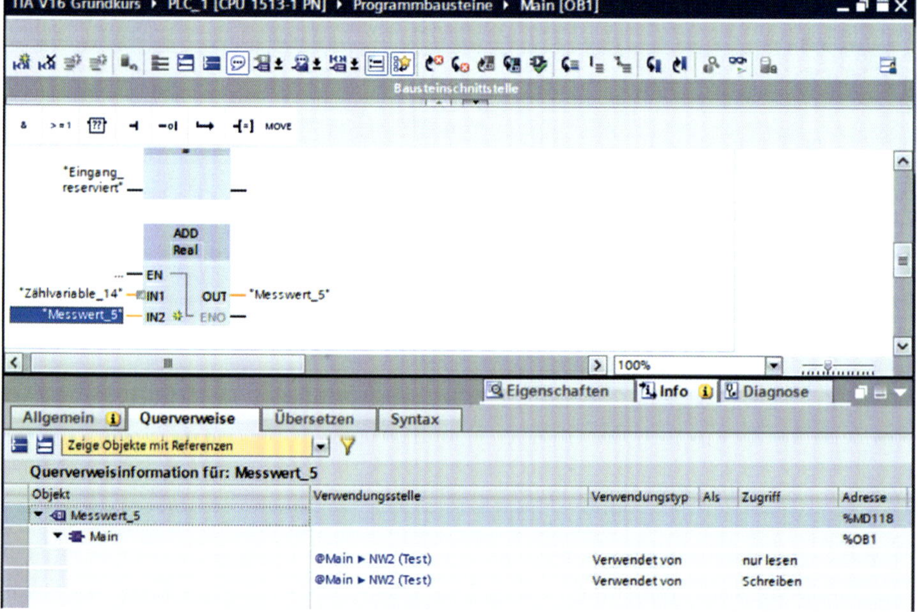

Bild 6.39 *Inspektorfenster Querverweisliste*

Die Inspektorfenster-Querverweisliste (untere Bildhälfte in Bild 6.39) passt zur im Editorfenster gewählten Variable.

6.9.5 Lokale und globale Variablen verfolgen

6.9.5.1 Globale Variablen

„Globale Variable“ ist ein abstrakter Begriff, der sich auf die Gültigkeit des Zugriffs auf Variablen bezieht. Auf globale Variablen kann aus dem gesamten Programm zugegriffen werden, es sind Merker, Ein- und Ausgänge und Variablen aus globalen Datenbausteinen. Ein komplettes Programm ausschließlich mit globalen Variablen zu versorgen, erscheint im ersten Ansatz sinnvoll. Bei Programmwiederholungen in Form von Funktionen (FC) oder Funktionsbausteinen (FB) führen darin enthaltene globale Variablen allerdings leicht zu fehlerhaftem Programmverhalten. Zur Unterscheidung gegenüber lokalen Variablen ist das erste Zeichen des Namens einer Globalen Variablen ein Prozentzeichen (%).

Über die Querverweise im Inspektorfenster (Bild 6.40 unten) können die gesuchten globalen Variablen verfolgt werden. In Bild 6.40 wird der globale Merker „%M50.7 Grundstellung“ im FC1 beschrieben und im FC8 zweimal als lesend aufgerufen. Zusätzlich ist zu erkennen, dass der Merker auch im WinCC-Bild *Automatikbetrieb* im Textfeld_27 unter *Animation* → *Gestaltung* eingesetzt wird.

6.9.5.2 Lokale Variablen

Lokale Variablen sind Variablen, die ausschließlich lokal in Funktionen (FC), Funktionsbausteinen (FB) oder auch Organisationsbausteinen (OB) verfügbar sind. Sie

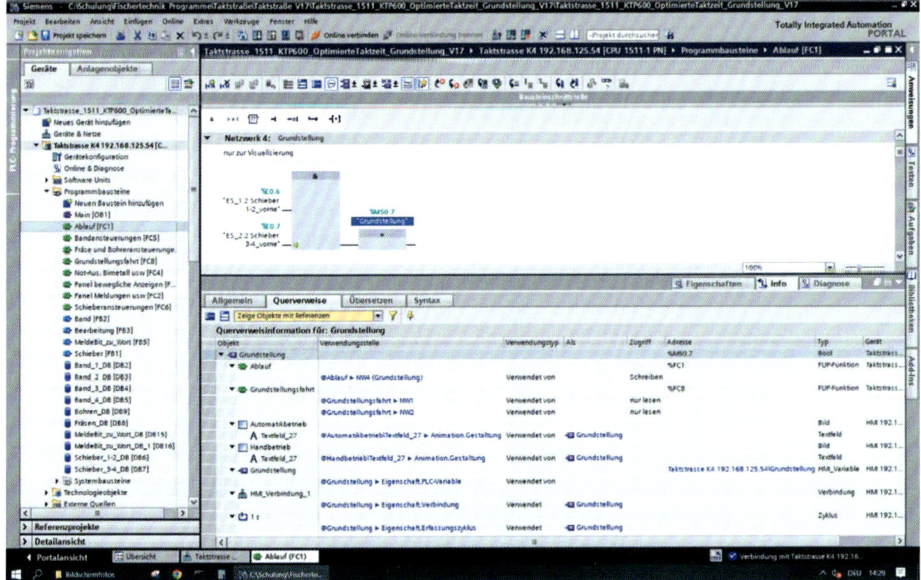

Bild 6.40 *Globale Variablen verfolgen*

werden in der Bausteinschnittstelle definiert. Zur Unterscheidung gegenüber globalen Variablen ist das erste Zeichen des Namens einer lokalen Variablen eine Raute (#). Bei einem weiteren Aufruf dieser FB und FC werden diese lokalen Variablen erneut benutzt. Sie können aber völlig andere Werte beinhalten, ohne dass es einen Konflikt mit dem vorherigen oder nachfolgenden Bausteinaufruf gibt. Nach der Abarbeitung des FC oder FB werden die Speicherplätze der darin verwendeten lokalen Variablen für andere Bausteinaufrufe freigegeben. Deswegen müssen die lokalen Variablen vor einer Abfrage im Zyklus beschrieben werden. Insgesamt ist mit lokalen Variablen in der CPU mehr Speicherplatz vorhanden, da weniger globale Variablen (z. B. Merker) verwendet werden müssen. Außerdem ist eine Unabhängigkeit der FC und FB bei mehreren Aufrufen gewährleistet. Für die Funktionsbausteine (FB) sind natürlich auch die jeweiligen Instanz-DB separat anzulegen.

Trotz gleichen Namens innerhalb zweier FC oder FB können die betreffenden lokalen Variablen – in Bild 6.41 im lachsfarbenem Kästchen dargestellt – unterschiedliche Werte beinhalten. Zu den lokalen Variablen werden auch die in der Bausteinschnittstelle definierten temporären, konstanten und statischen Variablen gezählt. Temporäre Variablen und Konstanten stehen nach der Bearbeitung des Bausteins nicht mehr zur Verfügung.

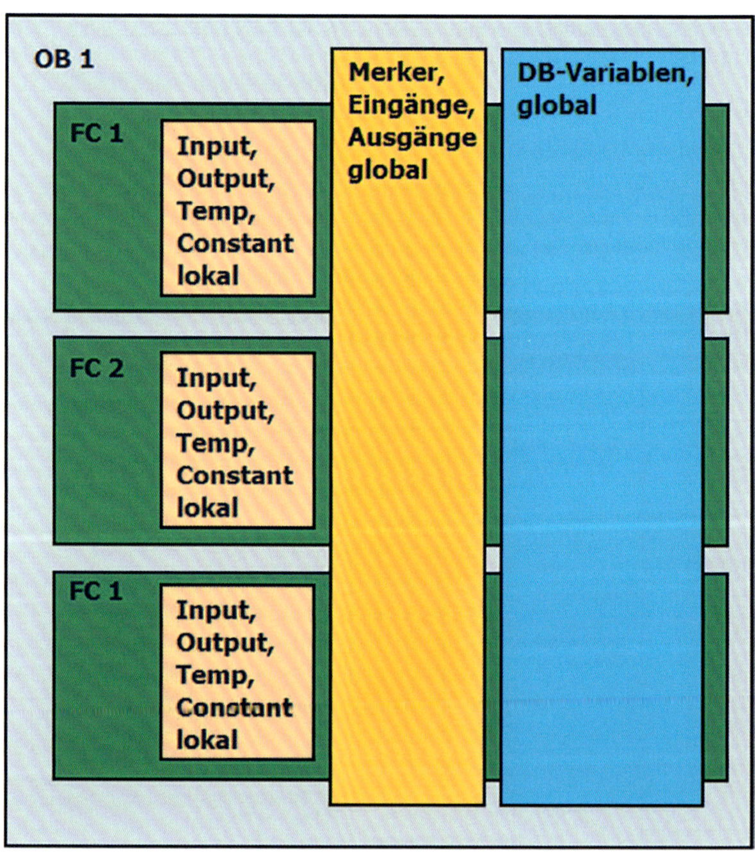

Bild 6.41 *Globale und Lokale Gültigkeit von Variablen*

Statische Variablen sind zwar nur im FB vorhanden, werden aber im Instanz-Datenbaustein gespeichert und können so weiterverwendet werden.

Im Gegensatz zu den globalen Variablen werden die lokalen Variablen nur im gleichen Baustein verwendet. In Bild 6.42 wird die lokale Variable „#Störung" im FB2 verfolgt. Die Variable wird einmal beschrieben im Netzwerk 3 und einmal lesend aufgerufen im Netzwerk 4. Diese lokalen Variablen können auch nicht im HMI für Anzeigen oder Farbwechsel hinterlegt werden.

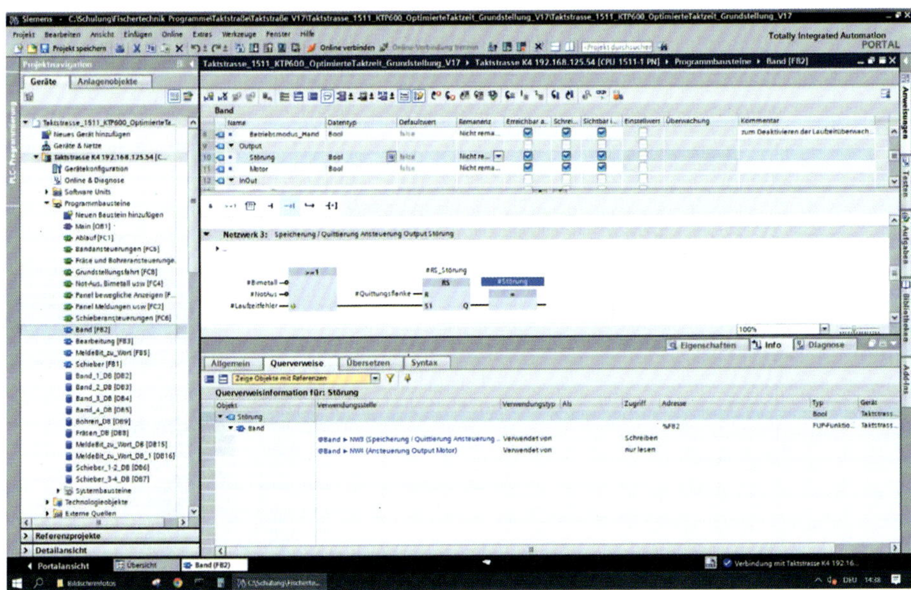

Bild 6.42 *Lokale Variable*

6.10 Safety-Fehlerdiagnose

6.10.1 Baugruppeneinstellungen

Die Baugruppeneinstellungen sind der Schlüssel zu einer erfolgreichen Safety-Programmierung und letztendlich auch zu einer erfolgreichen Fehlersuche. Es gibt je nach CPU-Baureihe unterschiedliche Einstellmöglichkeiten, die wesentlichen Einstellungen sind aber in allen Baugruppen ähnlich. Zur Realisierung sicherer Steuerungen werden Schalter doppelt ausgeführt und auch doppelt verdrahtet. Um Manipulationen zu erschweren und Fehlfunktionen sicher zu erkennen, wählt man zwischen antivalentem oder äquivalentem Schaltverhalten dieses Schalterpärchens. Antivalent (unterschiedlich) sind ein Öffner und ein Schließer. Äquivalent (gleich) sind entweder Öffner und Öffner oder Schließer und Schließer.

Erkennbar an der gelben Markierung oder dem F in der Typenbezeichnung, ist die fehlersichere CPU leicht zu finden. Auf den Gehäusen sind häufig gelbe Markierungen aufgedruckt, wenn Safety-Funktionalitäten vorhanden sind. Bei den S7-1500-CPU ist im Display ein gelber Balken sichtbar, das Gehäuse selbst liefert bis auf die Bestellnummer sonst keine Hinweise auf die Safety-Funktionalitäten.

Die Safety-CPU kann auch in konventionellen Anwendungen eingesetzt werden. In den meisten Fällen ist das Hauptprogramm auf herkömmliche Weise entwickelt. Safety-Funktionen werden hinzugefügt, um sichere Abschalt- und Wiedereinschaltvorgänge zu gewährleisten. Im Gegensatz zum STEP7-Manager ist die gelbe Kennfarbe im TIA-Portal im Hardwarekatalog und der Gerätekonfiguration zu erkennen (Bilder 6.43 und 6.44).

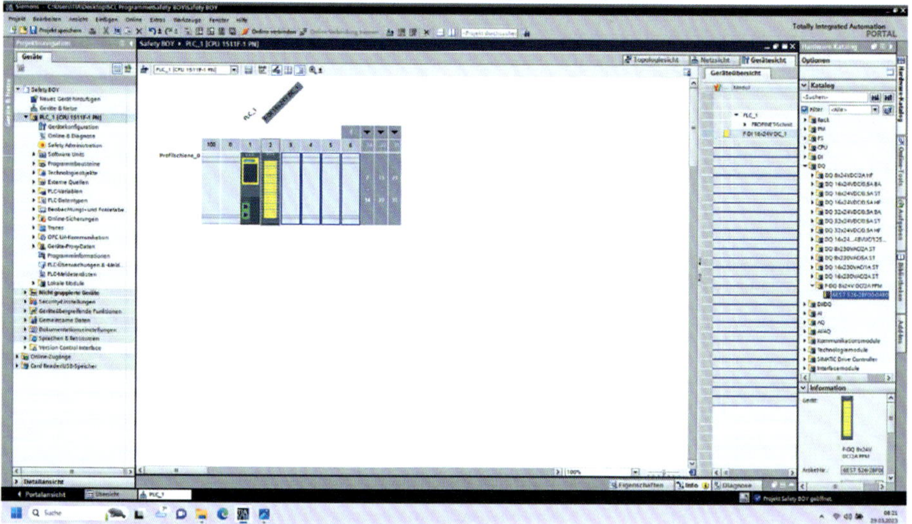

Bild 6.43 *Darstellung einer fehlersicheren CPU in der Gerätekonfiguration*

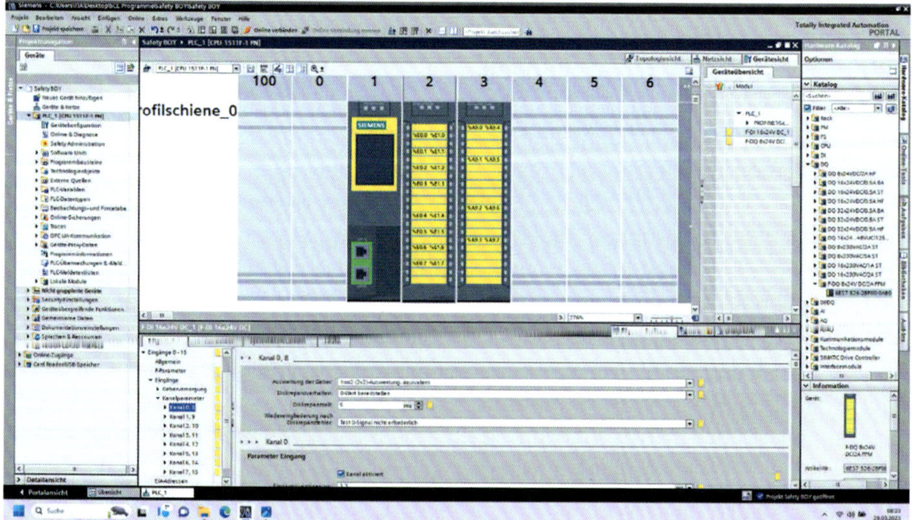

Bild 6.44 *Darstellung einer fehlersicheren CPU in der Gerätekonfiguration mit Modulen*

Die fehlersicheren DI-Baugruppen sind ganz normal unter den DI-Baugruppen im Katalog zu finden. Auch hier sind sie wieder mit dem Kennbuchstaben F für *Fehlersicher* (Safety) gekennzeichnet. Wie auch die F-DI-Baugruppe, so ist auch die F-DQ-Baugruppe im Katalog aufgeführt. Vergrößert man die Darstellung in der Gerätekonfiguration, so sind auch die konfektionierten Adressen erkennbar.

Die Einstellungen im TIA-Portal befinden sich im unteren Fensterabschnitt unter Eigenschaften (Bild 6.45). Die Einstellungen der Baugruppenkanäle müssen unbedingt zu der Hardware und deren Verdrahtung passen, weil sonst das PL (Performance Level) oder das SIL (Sicherheits-Integritätslevel) nicht mehr erreicht wird. Es ist also zwingend erforderlich, die Einstellungen anhand des Datenblatts der Baugruppe einzustellen.

Die einzelnen Kanäle der Baugruppe können mit verschiedenen Arten der Geberschaltungen belegt werden.

- 1oo1 → einkanalige Auswertung → in der Regel ein Öffner
- 1oo2 → zweikanalige Auswertung äquivalent → zwei separat verdrahtete Öffner
- 1oo2 → zweikanalige Auswertung antivalent → ein Öffner und ein Schließer bzw. ein Wechselkontakt, in Abhängigkeit der Möglichkeiten des F-DI-Eingangsmoduls.

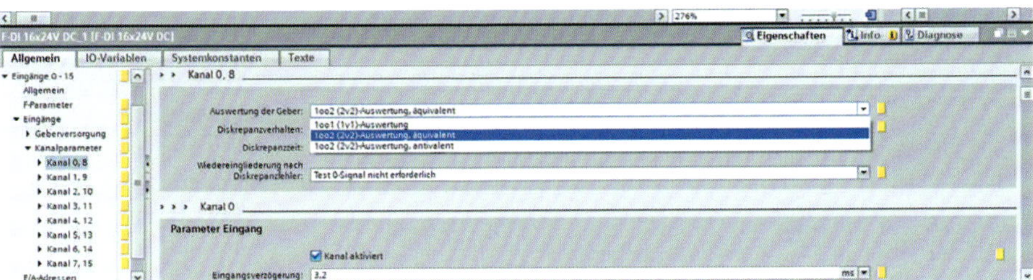

Bild 6.45 *Einstellung einer fehlersicheren DI-Baugruppe – Auswertung der Geber*

Mit Auswahl des Diskrepanz-Verhaltens wird der Wert, der während der Diskrepanz zwischen den beiden betroffenen Eingangskanälen auftritt, dem Sicherheitsprogramm in der F-CPU zur Verfügung gestellt.

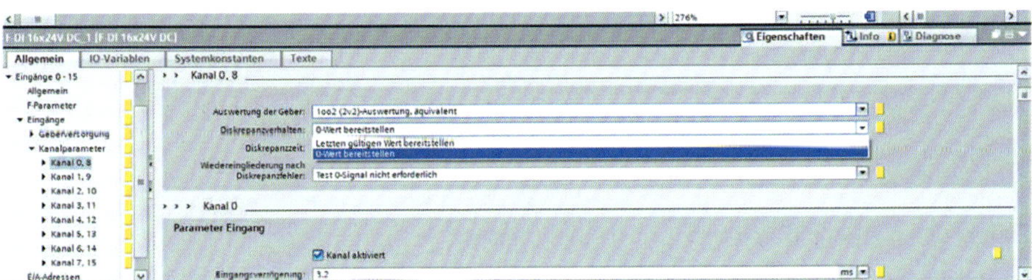

Bild 6.46 *Einstellung einer fehlersicheren DI-Baugruppe – Diskrepanzverhalten*

Die Diskrepanz-Zeit hängt von der Auswertung der Geber und der angeschlossenen Hardware ab. Bei 2-kanalig äquivalent ist eine kleinere Diskrepanzzeit einstellbar. Bei antivalenter Verschaltung und Auswertung führen kleinere Werte schnell zu einem Fehler. Ist der Geber einkanalig (1oo1 – verdrahtet), so sind die darunterliegenden Parameter ausgegraut und somit nicht einstellbar.

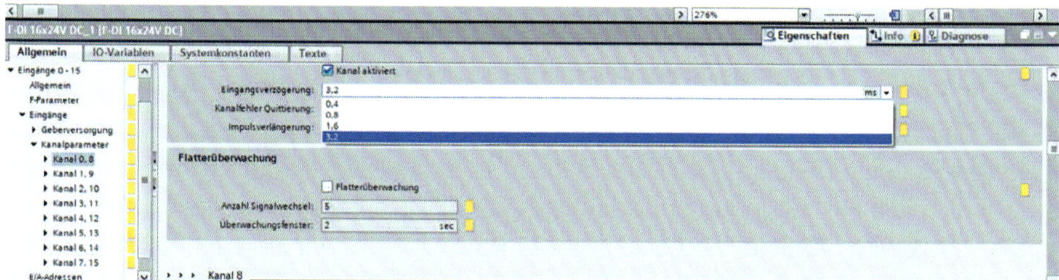

Bild 6.47 *Einstellung einer fehlersicheren DI-Baugruppe – Eingangsverzögerung*

Die Einrichtung eines Passworts für das Sicherheitsprogramm ist zwingend erforderlich. Ohne Passwort kann die Hardware nur beobachtet, aber nicht verändert werden. Anhand der Prüfsumme wird festgestellt, ob wesentliche Änderungen am Programm vorgenommen wurden.

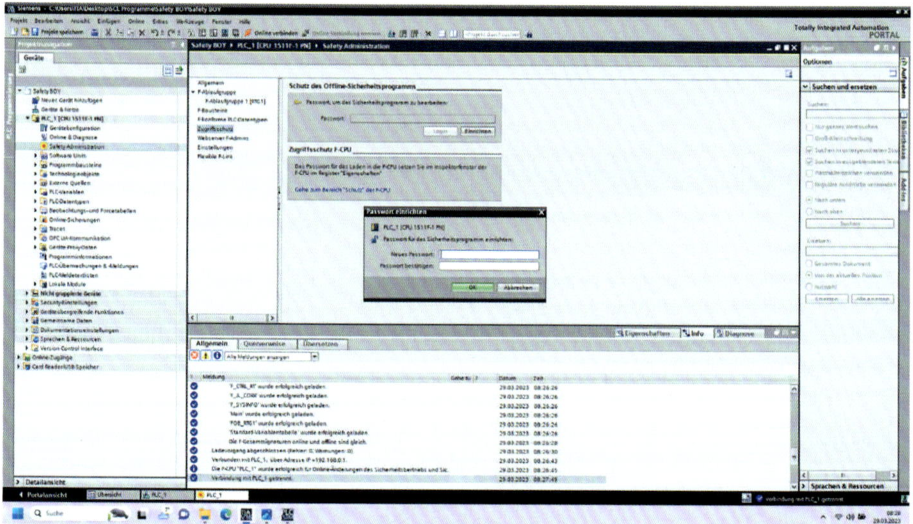

Bild 6.48 *Einrichtung eines Passworts für das Sicherheitsprogramm*

Während einer Online-Verbindung zu einer Safety-CPU stehen in der Safety Administration alle aktuellen Informationen zum Status der CPU und zum Status des Sicherheitsprogramms. Zusätzlich wird im Safety-Bereich mitgeschrieben, wer wann welche Änderungen vorgenommen hat. Die Signaturen der Benutzer werden unter den F-Signaturen gespeichert.

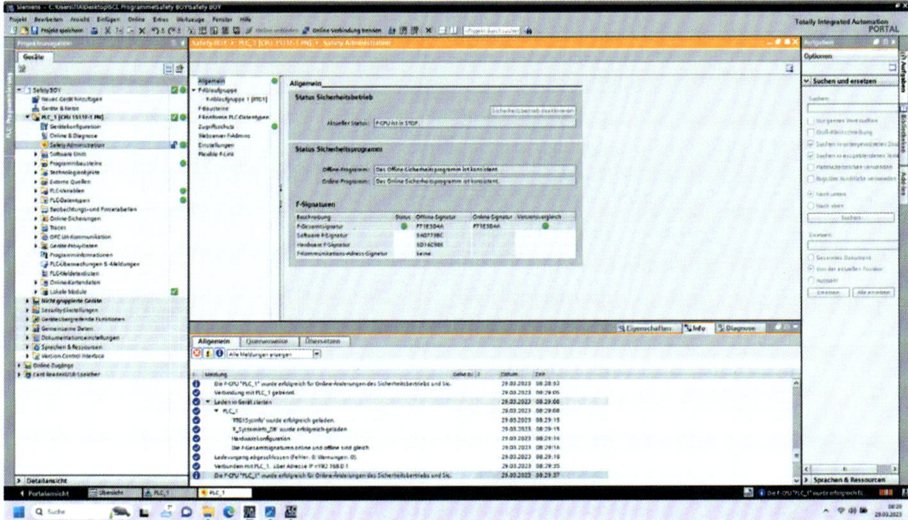

Bild 6.49 *Safety-Administration Online: CPU-Status und Signatur*

Nach der Übertragung des Safety-Programmes und dem Herstellen einer Online-Verbindung werden in der Projektnavigation orange Kreise mit dem weißen Ausrufezeichen angezeigt (Bild 6.50). Diese weisen auf eine Unstimmigkeit im Bereich der Safety Administration hin.

6.10.2 Safety-Bausteine

Für die Safety-Programmierung im TIA-Portal werden verschiedene Bausteine verwendet. Nach Anlegen der Safety-CPU erzeugt das TIA-Portal in der Projektnavigation Safety-Bausteine wie FOB_RTG1, Main_Safety_RTG1 und Main_Safety_RTG1_DB, in denen das Safety-Programm platziert wird. Je nach CPU variieren die Sicherheitsfunktionen geringfügig.

Gelb unterlegte Anweisungsicons in der Favoritenleiste weisen auf Safety hin. Das Safety-Programm setzt sich aus den herkömmlichen Anweisungen wie Allgemein, Bitverknüpfung, Zeit, Zähler und ähnlichen Funktionen sowie den Sicherheitsfunktionen zusammen. Damit erfolgt der Zugriff auf die Safety-Eingänge und Safety-Ausgänge.

6.10.3 Safety-Fehleranalyse

Da das Safety-Programm für die sichere Abschaltung oder das sichere Wiedereinschalten verantwortlich ist, konzentriert sich die Programmanalyse darauf sicherzustellen, dass alle erforderlichen Safety-Bausteine korrekt angesteuert und vollständig aufgerufen werden. Die erforderlichen Safety-Bausteine ergeben sich aus der installierten Hardware. Wenn beispielsweise keine Sicherheitstür vorhanden ist, ist auch kein SFDOOR-Baustein erforderlich.

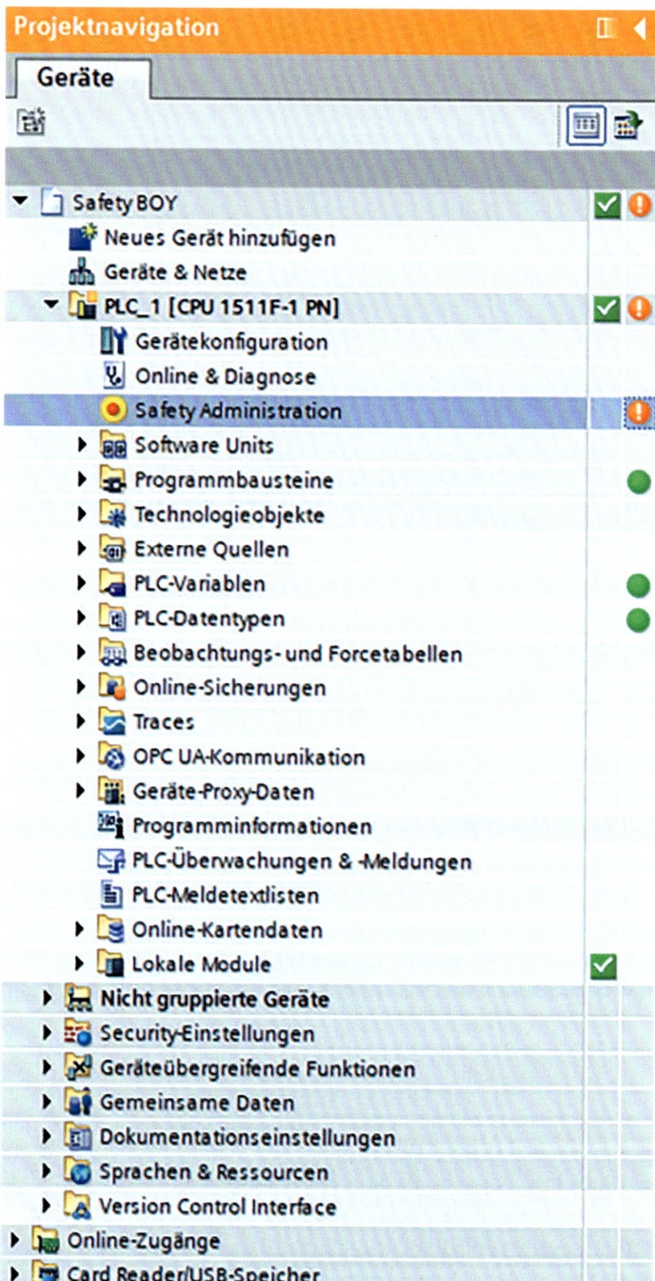

Bild 6.50 *Unterschiede Safety Administration*

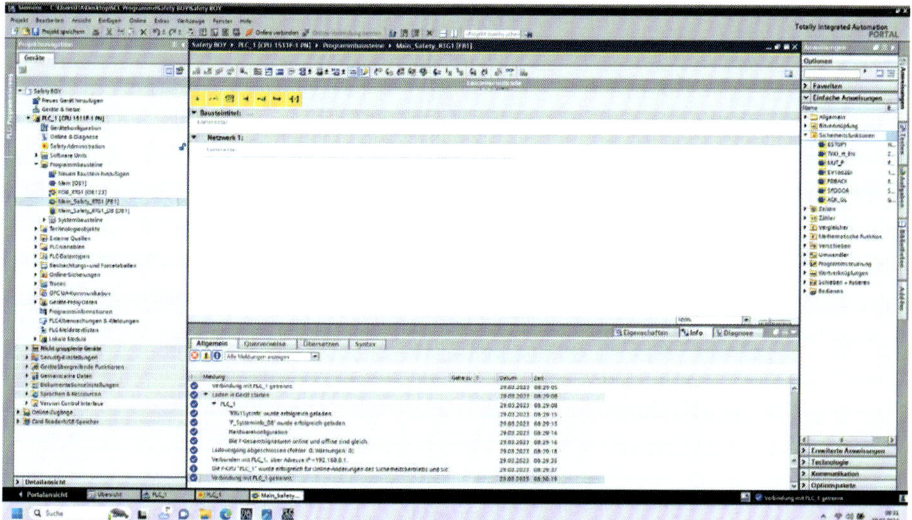

Bild 6.51 *Ansicht der Main_Safety_RTG [FB1] – Sicherheitsfunktionen*

In der Praxis führen zusammenhängende Signale oft dazu, dass ein Teil oder die gesamte Anlage stillgelegt wird. Dies ist auch dann der Fall, wenn es um die separate Verarbeitung der einzelnen Safety-Bausteine verschiedener Ereignisse geht, sei es eine Sicherheitstür oder ein NOT-Halt-Taster.

Eine schnelle Fehleranalyse ergibt sich beim Beobachten des Safety-Programms.

Wenn ein Fehler am Eingang E_STOP auftritt, wird der Ausgang Q vom ESTOP1 ab gesteuert (FALSE). Der Ausgang ACK_REQ steht dann auf TRUE. Nähere Informationen sind mit dem Ausgang DIAG (Diagnosestatus, in Bild 6.50 mit der Zahl 16#50) und der Bausteinhilfe (F1) zu ermitteln.

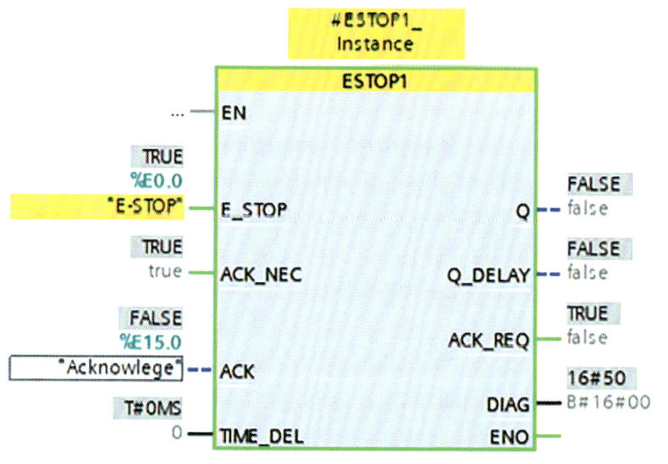

Bild 6.52
ESTOP1 mit anliegendem Fehler. ACK_REQ (TRUE) und DIAG (50)

6.11 Migration STEP7-Projekt zu TIA-Portal

Die Migration von einem STEP7-Projekt zum TIA-Portal wird im STEP7 mit einer Bausteinkonsistent gestartet (siehe Abschnitt 5.11, STEP7-Migration). Wenn diese erfolgreich abgeschlossen wird, kann im TIA-Portal unter *Projekt → Projekt migrieren* die Migration gestartet werden.

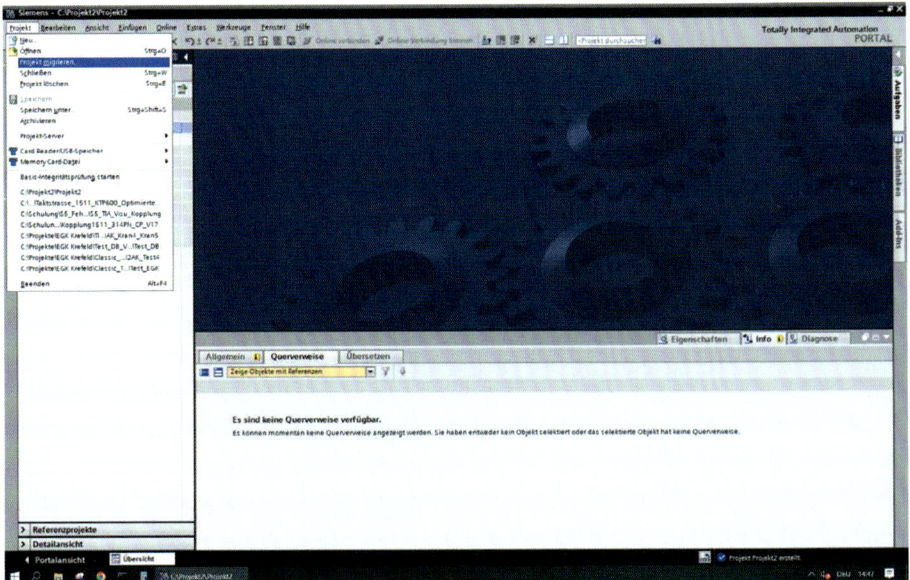

Bild 6.53 *Projekt migrieren*

6.11.1 Softwaremigration

Es gibt zwei verschiedene Varianten, eine Migration durchzuführen. Die erste ist die Migration ausschließlich der Software. Dazu darf im Migrationsauswahlfenster der Haken bei *Hardwarekonfiguration einschließen* nicht gesetzt werden (Bild 6.54).

Nach Beendigung der Migration ist die Software mit Symbolik und Kommentaren in der Projektnavigation zu finden. In der Gerätekonfiguration ist eine unspezifizierte CPU eingesetzt, die als Platzhalter für eine richtige CPU dient, damit das Softwareprogramm in das Projekt eingefügt werden kann (Bild 6.55).

6.11.2 Migration Hard- und Software

Die zweite Variante ist die Migration mit Hard- und Software. Dazu muss im Migrationsauswahlfenster der Haken bei *Hardware einschließen* gesetzt werden (Bild 6.56).

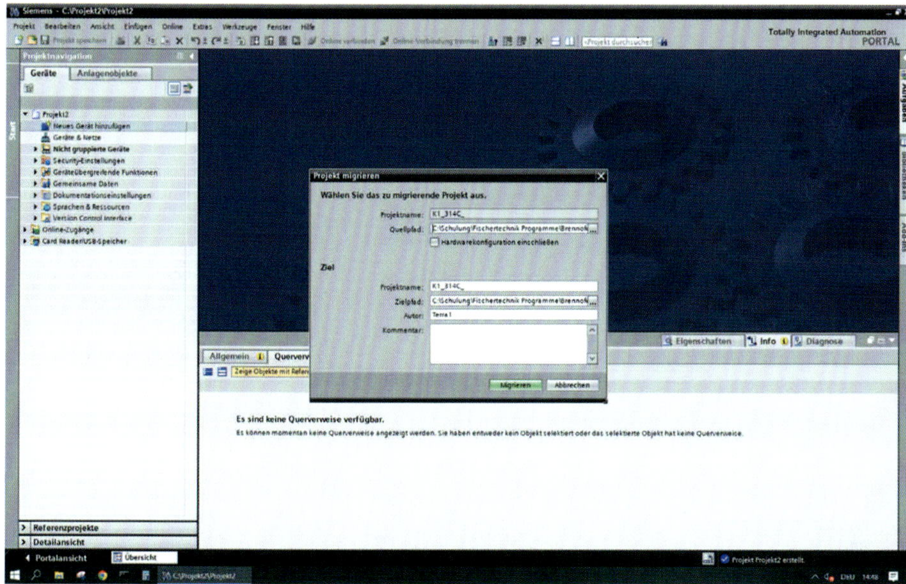

Bild 6.54 *Softwaremigration*

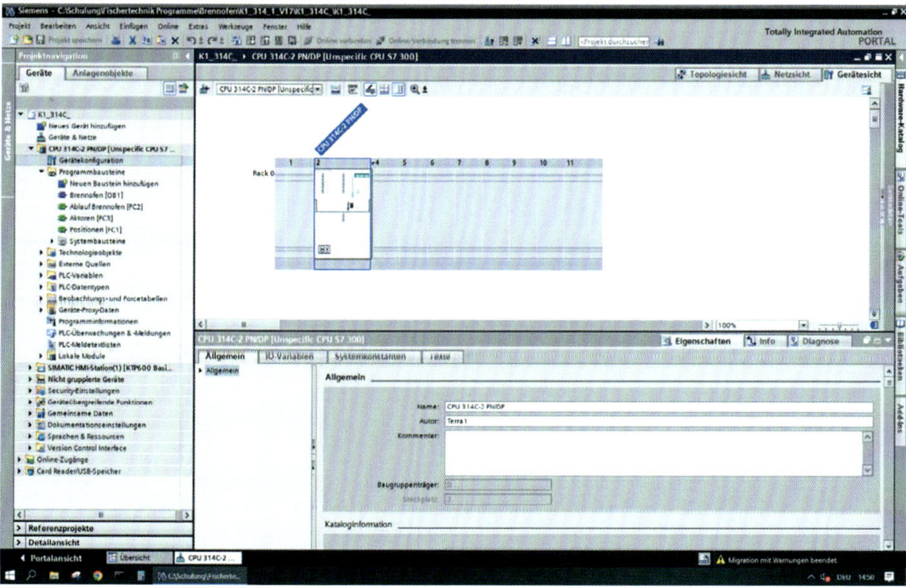

Bild 6.55 *Migrierte Software*

Anders als bei der Migration ohne Software ist die CPU jetzt mit den dazugehörigen Baugruppen und Verbindungen in der Projektnavigation zu finden. Hier können in den Baugruppeneigenschaften die Einstellungen der CPU vorgenommen werden.

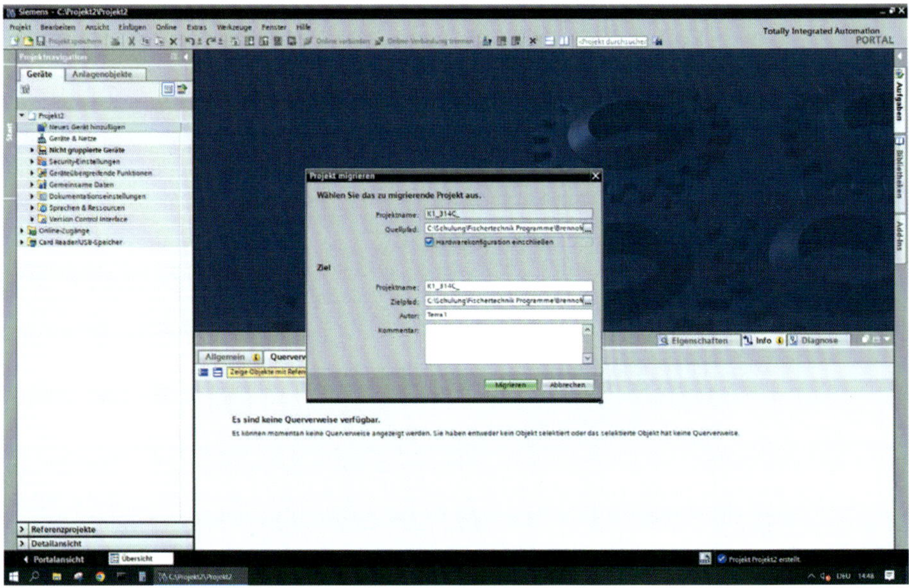

Bild 6.56 *Hard- und Softwaremigration*

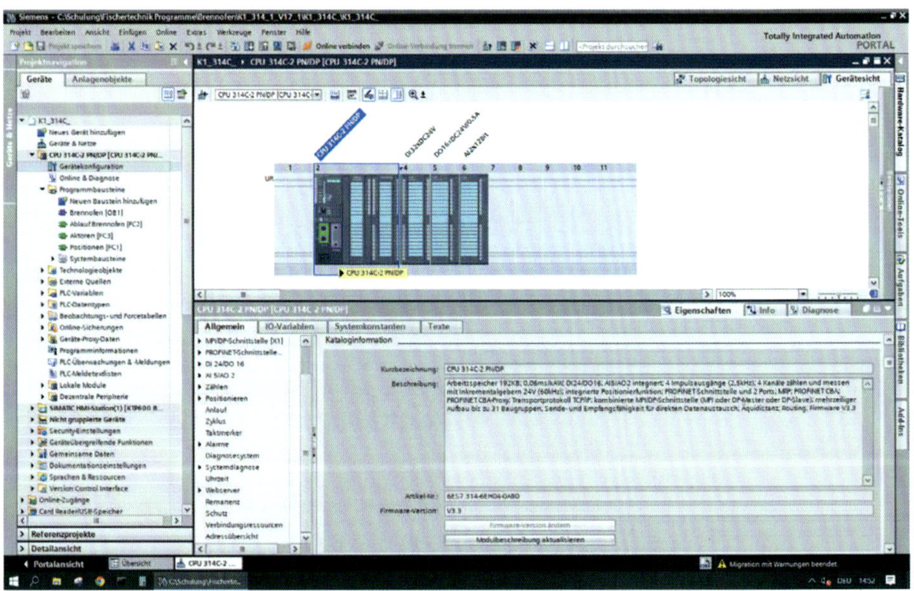

Bild 6.57 *Migriertes Projekt*

6.12 Visualisierung im TIA-Portal

Zur Visualisierung von Anlagen sind herkömmliche Elemente wie Ziffernanzeigen, Messinstrumente und Signalleuchten in vielen Fällen nicht mehr ausreichend. Die steigende Komplexität der Anlagen erfordert eine größere Menge an Informationen sowie flexiblere Eingabemöglichkeiten. Diese Anforderungen lassen sich effektiver durch den Einsatz von bedienbaren Bildschirmen umsetzen.

Im TIA-Portal steht eine Visualisierungslösung zur Verfügung, die aus dem Vorgänger WinCC flexible entwickelt wurde. Auch hierbei handelt es sich um eine anpassbare Lösung für Visualisierungsaufgaben. Die einzelnen grafischen Elemente innerhalb dieser Visualisierungslösung verfügen über konfigurierbare Eigenschaften, die mit den Variablen der CPU verknüpft werden können.

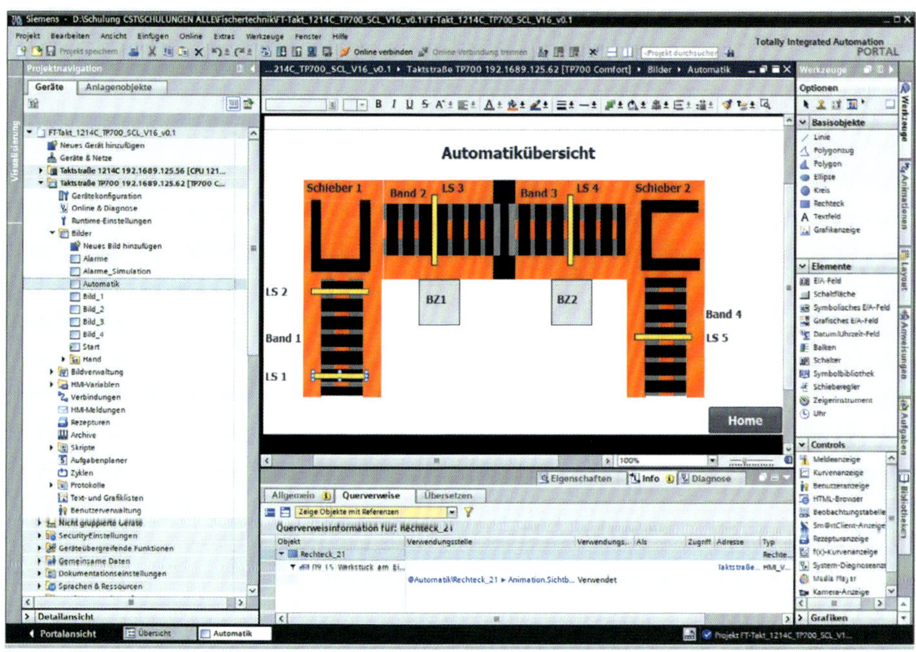

Bild 6.58 *WinCC im TIA-Portal*

Die grafischen Elemente finden sich im rechten Fenster unter *Werkzeuge* und sind dort eingeteilt in *Basisobjekte*, *Elemente*, *Controls* und *Grafiken*. Die Eigenschaften der grafischen Elemente teilen sich nochmals in *Eigenschaften*, *Animationen*, *Ereignisse* und *Texte* auf. Nicht alle grafischen Elemente besitzen alle Eigenschaften, z. B. besitzt der Kreis weder Ereignisse noch Texte. Unter *Eigenschaften* → *Eigenschaften* sind eher allgemeine Einstellungen zu hinterlegen. Unter *Animationen* und *Ereignisse* kommt Leben in die Bilder: Farbwechsel, Wechsel von Sichtbarkeit und Unsichtbarkeit und Reaktionen auf eine Betätigung bei berührungsempfindlichen Bildschirmen, per Maus oder per Tastatur werden hier hinterlegt. Häufig manifestieren sich Fehler in der Visualisierung, deren Ursprung eigentlich in der CPU zu suchen ist. Allerdings können Fehler auch innerhalb der Visualisierung selbst auftreten.

6.12.1 Meldungen

In der Projektnavigation befindet sich der Menüpunkt *HMI-Meldungen*. Darunter können Bit- und Analogmeldungen mit Meldetext projektiert werden.

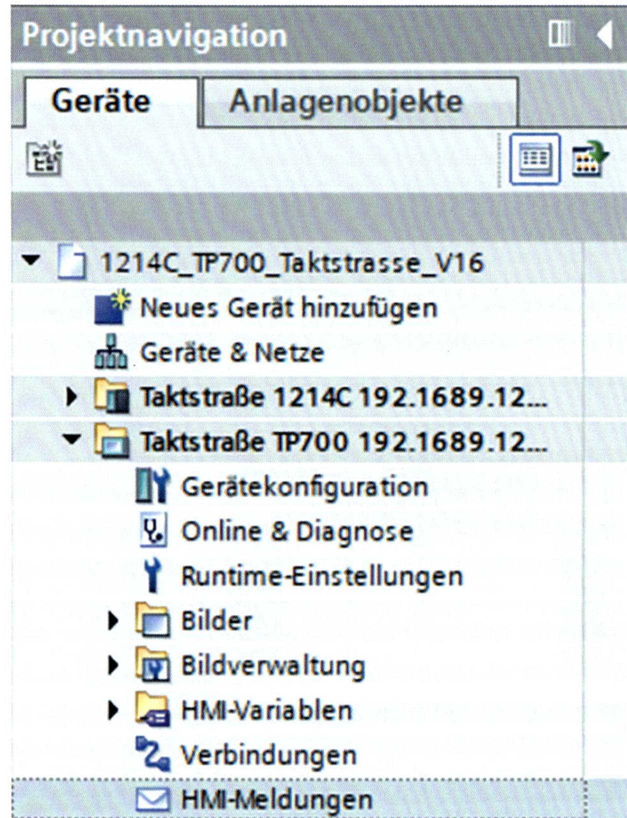

Bild 6.59
HMI-Meldungen im TIA-Portal

Tritt ein entsprechendes Ereignis in der SPS auf, so kann man dieses einer der Meldeklassen und Meldegruppen zuordnen und in einem oder mehreren Meldefenster anzeigen. Für die Analogmeldungen, Steuerungsmeldungen und Systemmeldungen existieren

Bild 6.60 *HMI-Meldungen im TIA-Portal Parametrierung*

vergleichbare Einrichtungen. Die Aufgabe des Programmierers besteht darin, in den Meldetexten verständliche Informationen dazu zu hinterlegen, wo der Fehler zu suchen und wie er zu beseitigen ist. Leider schafft das nicht jeder Programmierer.

6.12.2 Fehleranzeige in eingesetzter Visualisierung

Steht in der Anlage eine Visualisierung zur Verfügung, so ist es möglich und sinnvoll, Fehlerzustände zu signalisieren. Dafür stehen verschiedene Elemente zur Verfügung, wie zum Beispiel Meldeindikator, Meldezeilen und Meldeanzeigen. Zum Teil lassen sich die Meldungen in separaten Fenstern ablegen oder blenden sich über den aktiven Fenstern ein. So kann man sicherstellen, dass kein Fehlerereignis verlorengeht.

Der Meldeindikator findet sich unter *Controls* und ist ein kleiner Hinweisgeber bei auftretenden Fehlern. Das soll dem Anwender signalisieren, dass weitere Infos in der Meldezeile oder noch ausführlicher in einer Meldeanzeige zu finden sind. Die Meldeanzeige, ebenso unter *Controls* zu finden, kann in einem separaten Bild projektiert werden.

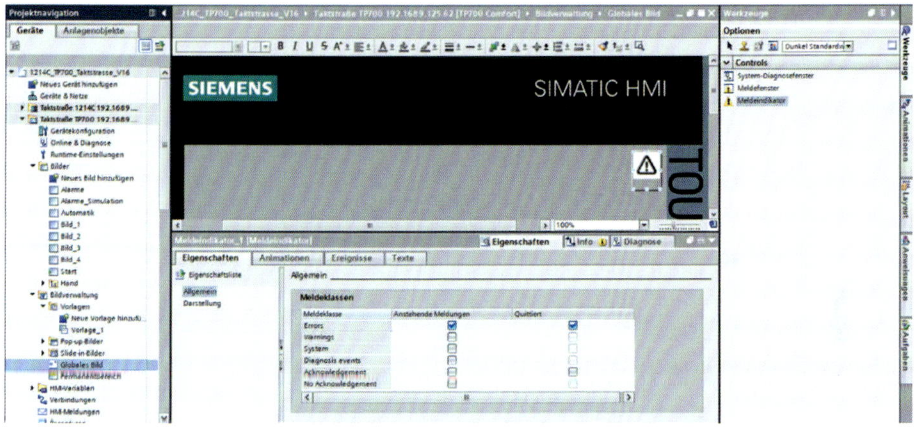

Bild 6.61 *Globales Bild mit Meldeindikator – rechts oben – und Eigenschaften*

Das Control-Objekt-Meldefenster bietet diverse Einstellmöglichkeiten. Zum Beispiel kann ausgewählt werden, welche Meldeklassen angezeigt werden. Zusätzlich können die Meldungen in einem Meldepuffer oder Meldearchiv abgelegt werden.

Somit kann man für eine bessere Übersichtlichkeit für jede Meldeklasse ein separates Meldefenster vorsehen oder auch die archivierten Meldungen in separaten Bildern anzeigen.

6.12.3 Migration STEP7-Flexible zum TIA-Portal WinCC

Sobald die Bereinigung eines STEP7-Projektes abgeschlossen ist, kann die Migration im TIA-Portal gestartet werden (siehe Abschnitt 5.12.3 STEP7, Migration STEP7 Flexible zu TIA-Portal). Mit einem Klick auf *Projekt* → *Projekt migrieren* öffnet sich das

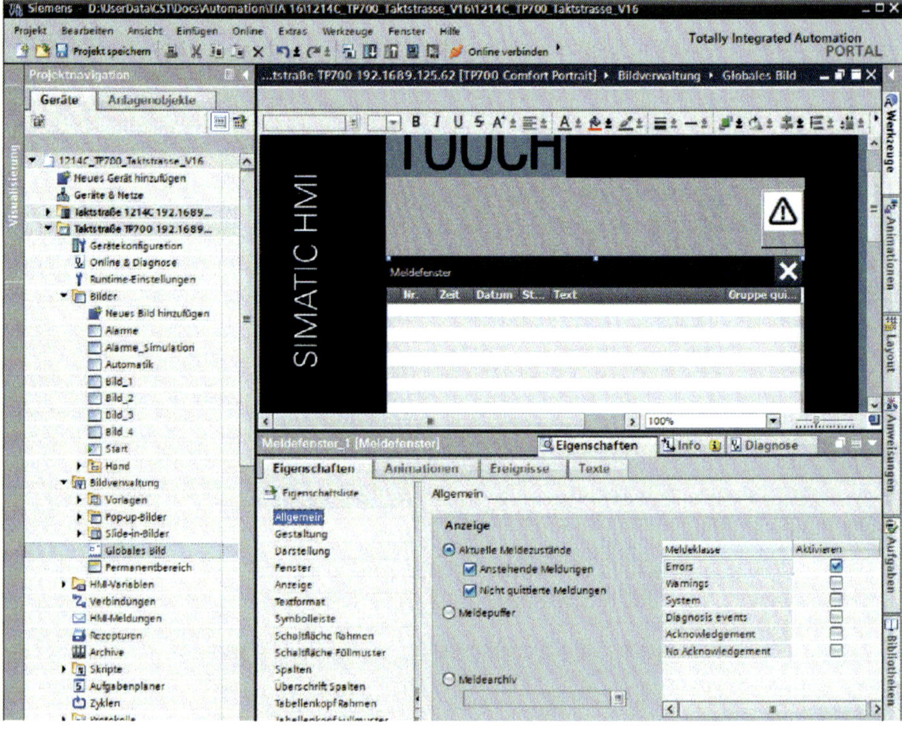

Bild 6.62 Globales Bild mit Meldefenster für Errors

Migrationsfenster. Bei dem Quellpfad wird nun das aus dem STEP7 Projekt gelöste WinCC-flexible-Projekt ausgewählt und migriert. Falls doch noch ein Fehler bei der Migration auftritt, öffnet das TIA-Portal wieder ein Migrationsfenster.

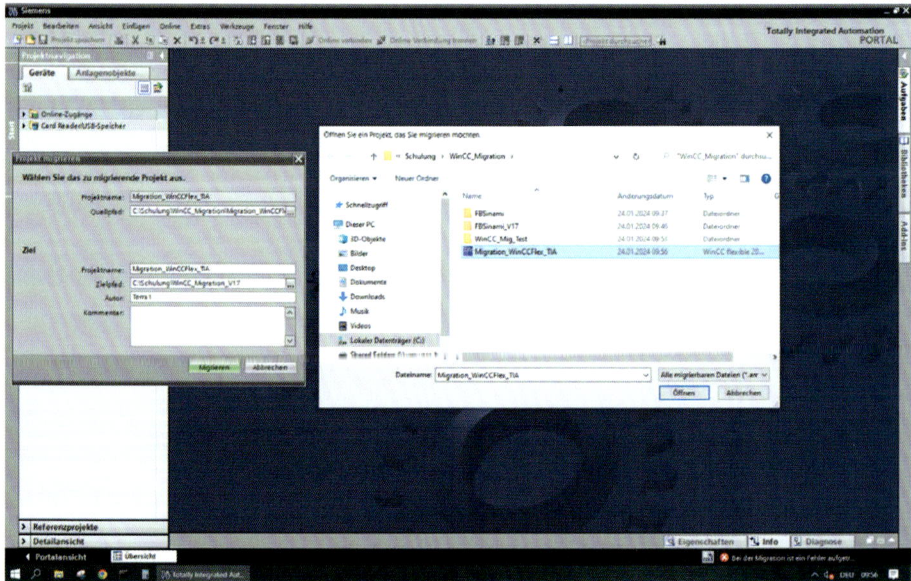

Bild 6.63 Gelöstes WinCC flexible-Projekt

Nach Beendigung der Migration muss das neue HMI-Projekt übersetzt werden, um weitere Warnungen oder Fehler beheben zu können.

Zusätzlich muss eine neue Verbindung zu einer neu konfigurierten oder vorhandenen CPU erstellt werden.

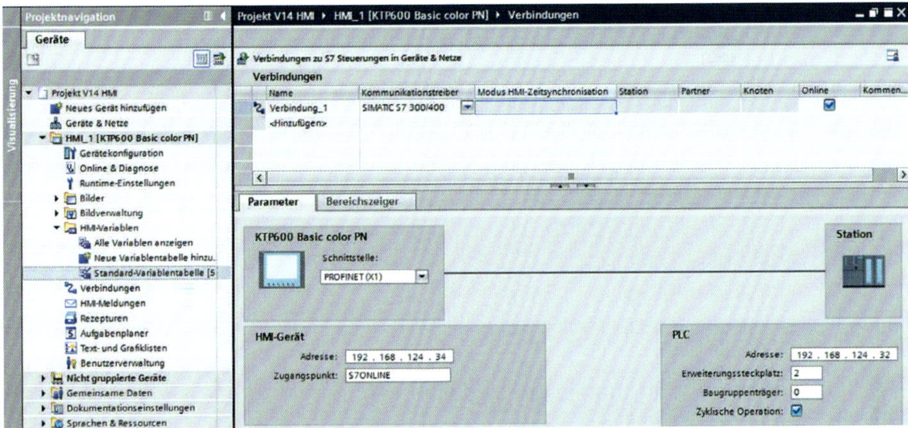

Bild 6.64 *Verbindung zwischen CPU und HMI*

Damit alle Variablen mit der CPU kommunizieren, müssen in der HMI-Variablentabelle den einzelnen Variablen die neue Verbindung zugeordnet werden.

Projekt V14 HMI ▸ HMI_1 [KTP600 Basic color PN] ▸ HMI-Variablen ▸ Standard-Variablentabelle [5]

Standard-Variablentabelle

Name	Datentyp	Verbindung	PLC-Name	PLC-Variable	Adresse	Zugriffsart	Erfassungszyklus
Variable_Bildnummer	UInt	<Interne Variable>		<Undefiniert>			1 s
Start	Bool	Verbindung_1		<Undefinier...	%M50.0	<Absoluter Zugriff>	100 ms
Stop	Bool	Verbindung_1		<Undefiniert>	%M50.1	<Absoluter Zugriff>	100 ms
Blinksignal	Bool	Verbindung_1		<Undefiniert>	%M50.2	<Absoluter Zugriff>	100 ms
Blinkfrequenz	Real	Verbindung_1		<Undefiniert>	%MD52	<Absoluter Zugriff>	100 ms
<Hinzufügen>							

Bild 6.65 *Verbindung in HMI-Variablentabelle einrichten*

Abbildungsverzeichnis

Stichwortverzeichnis